微生物精准检验技术研究

杨瑞锋　赵　帆　胡守奎　著

北京工业大学出版社

图书在版编目（CIP）数据

微生物精准检验技术研究 / 杨瑞锋，赵帆，胡守奎

著 . -- 北京 ：北京工业大学出版社，2024. 12.

ISBN 978-7-5639-8743-6

Ⅰ . Q93–331

中国国家版本馆CIP数据核字第2024FP6348号

微生物精准检验技术研究

WEISHENGWU JINGZHUN JIANYAN JISHU YANJIU

著　　者：杨瑞锋　赵　帆　胡守奎

责任编辑：杜一诗

封面设计：古　利

出版发行：北京工业大学出版社

　　　　　　（北京市朝阳区平乐园 100 号　邮编：100124）

　　　　　　010–67391722　bgdcbs@sina.com

经销单位：全国各地新华书店

承印单位：河北文盛印刷有限公司

开　　本：787 毫米 × 1092 毫米　1/16

印　　张：11.75

字　　数：234 千字

版　　次：2024 年 12 月第 1 版

印　　次：2025 年 1 月第 1 次印刷

标准书号：ISBN 978-7-5639-8743-6

定　　价：72.00 元

前　言

　　在科技日新月异的今天，微生物精准检验技术的研究与应用已经成为保障人类健康、维护食品安全以及推动生物医药产业发展的重要基石。随着分子生物学、生物信息学以及其他新兴技术的不断发展，微生物精准检验技术正逐步走向高效、快速、准确的新阶段，为我们的生活带来前所未有的变化。

　　传统的微生物检验方法往往依赖于培养基的制备和微生物的培养，通过肉眼观察微生物的形态、颜色和数量等指标进行判定。这种方法虽然简单易行，但存在诸多局限性，如耗时较长、空间需求大、易出现假阳性或假阴性结果等。因此，随着社会的快速发展和人们对微生物检验准确性的要求不断提高，传统的检验方法已经难以满足现实需求。

　　在这样的背景下，微生物精准检验技术的研究与应用显得尤为重要。精准检验技术不仅能够快速、准确地识别微生物的种类和数量，还能够揭示微生物的遗传特性和致病机制，为疾病的预防、诊断和治疗提供有力支持。同时，随着生物技术和分子技术的快速发展，新兴的微生物检测技术如聚合酶链反应（PCR）技术、电化学生物传感器技术、荧光定量 PCR 技术和质谱技术等不断涌现，为微生物精准检验提供了更多的选择。

　　然而，微生物精准检验技术的研究与应用仍然面临着诸多挑战。一方面，由于微生物种类繁多、变异性强，精准检验技术的开发和应用需要针对不同类型的微生物进行深入研究；另一方面，随着全球食品安全形势的日益严峻，微生物污染问题日益突出，对微生物精准检验技术的准确性和灵敏度提出了更高的要求。

　　《微生物精准检验技术研究》是一部全面、深入介绍微生物检验领域知识的专著，专为微生物学、医学检验、生物技术等领域的专业人士编写。本书不仅系统阐述了微生物的基础理论，包括微生物的分类、形态结构、营养代谢等，还重点介绍了微生物检验技术的前沿进展，如自动化、微型化和精准检验技术。

　　本书由杨瑞锋、赵帆、胡守奎共同撰写，感谢闫琳琳、吕朋举、葛洁洁、张艺、梁永钢参与本书的统筹工作。

　　本书旨在通过提供翔实的理论基础和先进的技术方法，帮助读者掌握微生物检验的关键知识和技能。本书内容覆盖了基础的显微镜操作，培养基制备，复杂的微生物培养、保藏、染色观察，以及各类微生物检验技术的应用实践。书中特别强调了精准检验技术在提高检验准确性和效率方面的重要性，旨在为相关行业的专业人士提供宝贵的参考和指导。

总之，微生物精准检验技术的研究与应用是维护食品安全、保障人类健康以及推动生物医药产业发展的重要手段。随着技术的不断进步和应用领域的不断拓展，我们相信微生物精准检验技术将会在未来发挥更加重要的作用，为人类社会的可持续发展作出更大的贡献。

目 录

第一章 微生物学基础

第一节 微生物的定义、分类与特性对比

微生物是一类广泛存在于自然界中的微小生物，涵盖了细菌、真菌、病毒等众多种类。这些微生物虽然肉眼难以察觉，但在生物圈中却扮演着举足轻重的角色，与人类生活密切相关。本节将首先介绍微生物的定义与分类，然后详细对比细菌、真菌和病毒在结构、生存方式等方面的特性。

一、微生物概述

(一) 微生物的定义

微生物，这个词汇虽然在日常语言中经常被提及，但其真正的内涵与外延却往往被我们所忽视。在生物学领域，微生物是一大类生物群体的统称，它们体形微小，结构简单，通常需要借助显微镜才能观察到。这些生物群体种类繁多，广泛分布于地球的各种环境中，从极端寒冷的冰川到炽热的火山口，从深邃的海洋到干燥的沙漠，都能找到它们的身影。

微生物主要包括细菌、病毒、真菌、原生动物以及某些藻类等。这些生物在形态、生理、遗传等方面都表现出了丰富的多样性。细菌作为微生物中的一大类，有球形、杆形、螺旋形等多种形态，有些甚至可以在极端环境下生存。病毒是一种非细胞生物，它们需要寄生在其他生物的活细胞内才能进行复制和繁殖。真菌包括霉菌、酵母等，它们在分解有机物、促进物质循环等方面起着重要的作用。

微生物虽小，但其影响力却不可小觑。它们在地球的生态系统中扮演着关键的角色，参与物质循环、能量转换等重要过程。同时，微生物也是人类生活中不可或缺的一部分，它们在食品工业、制药工业、农业等领域都有广泛的应用。例如，乳酸菌、酵母菌等被用于制作各种食品；通过微生物发酵或培养可以得到抗生素、疫苗等；而某些微生物还可以用于生物肥料、生物农药的生产，促进农业的可持续发展。

然而，微生物也有其负面影响。一些致病微生物，如细菌、病毒等，能够引起

人类和动物的疾病，甚至威胁到人类的生命健康。因此，对微生物进行研究和防控具有重大的现实意义。

总的来说，微生物是一类体形微小、结构简单但生命力顽强的生物群体。它们在地球的生态系统中扮演着重要的角色，与人类生活息息相关。对微生物的深入研究和理解，不仅有助于我们更好地认识自然界的奥秘，也为人类的健康、生活和社会发展提供了重要的支撑和保障。

在未来的科学研究中，微生物的研究充满了挑战和机遇。随着技术的不断进步，我们有望更深入地揭示微生物的生理机制、遗传特性以及它们与环境的相互作用关系。同时，通过深入研究致病微生物的致病机理和防控策略，我们有望为人类的健康事业作出更大的贡献。

此外，微生物在生物技术、环境保护等领域的应用也具有广阔的前景。例如，利用微生物进行废水处理、土壤修复等环保工程，不仅能够有效解决环境问题，还能实现资源的循环利用。在生物技术方面，微生物也被广泛用于生产生物燃料、生物材料等，这为人类的可持续发展提供了新的途径。

（二）微生物的特点

微生物作为地球上较早出现的生命形式之一，以其独特的存在方式和多样的功能，成为生命世界中不可或缺的一部分。尽管它们的体形微小，但微生物的特点却使其具有巨大的生命力和影响力，对地球生态系统和人类生活产生深远的影响。

首先，微生物具有极小的体积和庞大的数量。微生物的细胞结构相对简单，体积微小，通常只有在显微镜下才能观察到。然而，正是这种微小的体积，使得微生物在数量和分布上具有巨大的优势。无论是在土壤、水体、空气还是动植物体内，都存在着数量庞大的微生物。这种广泛的分布和数量优势使得微生物在地球上的生态系统中扮演着重要的角色。

其次，微生物具有极高的代谢能力和适应性。微生物的代谢途径多样，能够利用多种物质作为能源和营养物质。这种代谢多样性使得微生物能够在各种极端环境中生存和繁衍，如高温、低温、高盐、高酸等环境。此外，微生物还具有繁殖速度快的特点，能够在短时间内形成庞大的生物群体，进一步增强了其适应性和生存能力。

再次，微生物在生态系统中具有多种功能。有些微生物是自然界的分解者，能够将有机物分解为无机物，促进物质循环和能量流动。同时，微生物也是许多生物群落的重要成员，与其他生物形成复杂的相互作用关系，共同维持生态系统的稳定。此外，微生物还具有生物固氮、产甲烷、合成维生素等多种功能，对地球生态系统的平衡和可持续发展具有重要意义。

最后，微生物与人类生活密切相关。微生物在农业、工业、医药等领域具有广泛的应用价值。例如，在农业领域，微生物肥料和生物农药的应用可以提高土壤肥力和作物产量，减少化学农药的使用；在工业领域，微生物发酵技术被广泛应用于食品、饮料、化工等行业的生产过程中；在医药领域，微生物是许多抗生素、疫苗等药物的重要来源，对人类健康和医学进步具有重要意义。

二、微生物的分类

微生物——这些在地球上广泛存在的微小生命体，以其惊人的多样性和适应性，在地球的各种生态系统中发挥着至关重要的作用。它们存在于地下、海洋、空间等各种环境中，展现出了生命的顽强与多样。

(一) 地下微生物

地下微生物作为微生物的一个重要分支，在维持地球生态平衡和生物地球化学循环中发挥着不可替代的作用。下面将对地下微生物进行分类，并探讨其在生态系统中的功能和意义。

1. 地下微生物的分类

地下微生物种类繁多，包括细菌、真菌、古菌、原生动物以及病毒等。根据它们的生活习性和代谢方式的不同，可以进一步细分为多种类型。

①厌氧型微生物：这类微生物在缺乏氧气的环境中生长和繁殖，如在地下深处的沉积物、岩石裂缝以及沼泽地中。它们通过发酵、硫酸盐还原等过程获取能量，参与地下碳、硫、氮等元素的循环。

②好氧型微生物：虽然地下环境中氧气含量相对较低，但仍存在一定数量的好氧型微生物。它们利用氧气进行有氧呼吸，释放能量，促进地下有机物的分解和矿化。

③耐盐型微生物：在地下咸水层、盐湖等环境中，存在大量耐盐型微生物。它们能够在高盐度的环境中生存和繁殖，参与地下盐分的循环和转化。

④嗜热型微生物：地下深处的高温环境是嗜热型微生物的栖息地。它们能够在高温条件下进行生长和代谢活动，对地下热能的传递和转化具有重要意义。

2. 地下微生物在生态系统中的功能和意义

地下微生物在生态系统中扮演着多重角色，具有不可替代的功能和意义。

首先，地下微生物是地下有机物的主要分解者。它们通过分泌酶和直接吸收等方式，将有机物分解为简单的无机物，为其他生物提供营养来源。同时，这一过程也促进了地下碳循环的进行，有助于维持地下生态系统的平衡。

其次，地下微生物在地下元素循环中发挥着关键作用。它们能够参与地下碳、氮、硫、磷等元素的循环过程，促进这些元素在地下环境中的迁移和转化。

最后，地下微生物还具有重要的生物修复和生物降解功能。它们能够降解地下环境中的有毒有害物质，如重金属、石油烃类等，减轻这些物质对环境和生物的危害。因此，在环境污染治理和资源循环利用方面，地下微生物具有广阔的应用前景。

总之，地下微生物作为地球生态系统中的重要组成部分，具有多样性和复杂性。通过对地下微生物的分类和功能的深入研究，我们可以更好地了解地下生态系统的运作机制，为环境保护和资源利用提供科学依据。

(二) 海洋微生物

海洋不仅蕴藏着丰富的生物资源，还孕育着无数奇特的微生物种群。这些微生物在海洋生态系统中扮演着至关重要的角色，它们各自具有独特的生态习性和适应性，包括嗜盐性、嗜冷性、嗜压性、低营养性、多形性以及发光性。

1. 嗜盐性微生物

这类微生物能够在高盐度的环境中生存和繁衍，具有特殊的代谢途径和细胞结构，能够抵抗盐分的侵蚀。嗜盐性微生物在海洋中的分布广泛，特别是分布在一些高盐度的海域，它们对于维持海洋生态系统的平衡具有不可替代的作用。

2. 嗜冷性微生物

嗜冷性微生物是适应低温环境的典型代表。它们能够在接近冰点的低温环境中生存，拥有特殊的酶系统和生物膜结构，能够抵御低温带来的生理压力。这些微生物在极地海域、深海冷泉等地方广泛分布，对于研究生命在极端环境下的适应性具有重要意义。

3. 嗜压性微生物

海洋深处存在着巨大的水压，这对于大多数生物来说都是难以承受的。然而，嗜压性微生物却能在这样的环境中生存，它们具有特殊的细胞结构和代谢机制，能够承受高压而不被破坏。这些微生物在深海生态系统中发挥着重要的作用，研究它们对于人们理解生命的抗压机制具有重要意义。

4. 低营养性微生物

海洋中的营养物质相对匮乏，但低营养性微生物却能够在这样的环境中生存，它们具有高效的营养吸收和利用能力，能够在低营养条件下生长和繁殖。这些微生物在海洋碳循环和能量流动中扮演着关键角色。

5. 多形性微生物

多形性微生物是海洋微生物多样性的一个重要体现。它们具有多样的形态和生理特征，能够在不同的海洋环境中生存和繁衍。这些微生物的多样性为海洋生态系统提供了丰富的功能和稳定性，对于维持海洋生态平衡具有重要意义。

6. 发光性微生物

这些微生物能够发出生物荧光，为深海生物提供照明，同时也参与一些重要的生物化学反应。对发光性微生物的研究不仅有助于揭示生命的发光机制，也为深海探测和生物资源开发提供了新的视角。

(三) 空间微生物

随着人类探索宇宙的脚步逐渐加快，空间微生物逐渐走入人们的视野。这些微生物在地球以外的环境中生存，展现出了其独特的分类和特性，为我们揭示了生命的多样性和适应性。

根据空间微生物的来源和生存环境，可以大致将其分为两大类：地球来源的微生物和太空原生的微生物。地球来源的微生物，顾名思义，就是那些原本生活在地球上，但由于各种原因（如航天器的携带）被带入太空的微生物。这些微生物可能包括细菌、病毒、真菌等各类生物体。而太空原生的微生物，是那些直接在太空中诞生和演化的微生物。这些微生物可能具有独特的生存策略和基因组成，以适应太空极端的环境。

无论是哪一类空间微生物，它们都具有一些共同的特点。首先，它们都具有极强的适应性。太空环境极端恶劣，如有强辐射、真空和极端温度等问题。然而，这些微生物却能在这样的环境中生存下来，甚至繁衍后代，这充分展示了它们强大的生命力。其次，空间微生物可能具有独特的代谢途径。由于太空中的物质和能量来源与地球大不相同，这些微生物可能发展出了独特的代谢方式来获取生存所需的能量和物质。

除了以上特点外，空间微生物还可能在人类探索宇宙的过程中发挥重要作用。例如，它们可能为我们提供关于太空环境的重要信息，帮助我们更好地了解宇宙的奥秘。此外，空间微生物还可能具有潜在的医学和工业应用价值。例如，某些空间微生物可能具有独特的生物活性，可用于开发新型药物或生物材料。

然而，我们也应看到，空间微生物的研究尚处于初级阶段，还存在许多未知和挑战。例如，我们尚不清楚太空中微生物的种类和数量，也无法确定它们对地球生态系统的影响。此外，随着人类活动的增加，如何防止地球微生物对太空环境造成污染，以及避免太空微生物对地球生态系统的潜在威胁，也是我们需要面对的重要问题。

空间微生物是一个充满神秘和挑战的领域。它们的分类、特性以及应用价值都需要我们进一步深入研究和探索。通过对这些微小生命的研究，我们不仅可以更好地了解宇宙的奥秘，还可能为人类社会的发展带来新的机遇和挑战。因此，我们有理由相信，在未来的探索中，空间微生物将为我们揭示更多关于生命和宇宙的奥秘。

总之，微生物作为地球上古老且广泛存在的生命形式之一，以其独特的生存方式和适应策略，展示了生命的多样和顽强。通过深入研究不同环境下微生物的分类和特性，我们可以更好地理解生态系统的运行规律，为人类的生存和发展提供新的启示和帮助。

三、细菌、真菌、病毒的特性对比

（一）细菌、真菌、病毒概述

1. 细菌

细菌是微生物中的一大类，它们具有细胞壁、细胞膜和细胞质等结构。部分细菌对人类有益，如参与发酵、生产抗生素等；但也有部分细菌能导致疾病，如引发感染、食物中毒等。

细菌是一类单细胞微生物，它们通常体积微小，形态多样，有的呈球形，有的呈杆状，还有的呈螺旋状。这些微生物广泛分布于自然界的各种环境中，包括土壤、水体、空气以及生物体内外。它们可以通过分裂生殖进行繁殖，速度快且数量惊人。

细菌具有极强的适应性和生存能力。无论是在极端的高温、低温、高盐、高酸还是高辐射环境中，都能找到适应这些极端条件的细菌种类。这种强大的适应能力使得细菌能够在各种恶劣环境中生存繁衍。

细菌在生态系统中扮演着重要的角色。它们参与了物质循环和能量流动，将有机物分解为无机物，为其他生物提供养分。同时，一些细菌还能与植物形成共生关系，帮助植物吸收营养和抵抗病害。此外，细菌还在土壤肥力的维持、水体净化以及生物地球化学循环等方面发挥着关键作用。

细菌并非都是有益的。有些细菌能引发疾病，对人类和动物的健康造成威胁。这些致病菌可以通过食物、水源或空气等途径传播，导致各种感染性和传染性疾病的发生。因此，我们需要采取措施预防和控制细菌的传播，保障人类和动物的健康。

总的来说，细菌作为地球生命体系中的重要组成部分，既具有强大的生命力和适应能力，又在生态系统中发挥着不可替代的作用。同时，我们也应该认识到细菌可能带来的风险，加强防范和应对措施。未来，随着科学技术的不断发展，我们将更加深入地了解细菌的特性和功能，为人类健康和生态环境的保护提供更多有效的手段和方法。

2. 真菌

真菌既可以在陆地上生长，也可以在水下繁衍生息，甚至在极端环境中也能找到它们的身影。那么，真菌究竟是什么呢?

真菌是一类生物体的总称，它们既不是动物也不是植物，而是自成一类。真菌的细胞壁中含有一种叫作几丁质的复杂多糖，这是它们与动植物细胞壁的主要区别。此外，真菌主要以腐生或寄生的方式生活，它们能够分解各种有机物质，从而获取自身所需的营养。

下面将探讨真菌的特点。

首先，真菌的繁殖方式多样且独特。它们可以通过无性繁殖(如菌丝断裂、孢子形成等方式)进行繁殖，也可以通过有性繁殖(如配对、结合等方式)进行繁殖。多样性的繁殖方式使真菌在适应各种环境方面表现出了强大的能力。

其次，真菌具有强大的分解能力。它们能够分解各种有机物质，包括动植物遗体、木材、纸张等，甚至一些难以分解的物质(如石油、塑料等)也能在真菌的作用下逐渐分解。这种分解作用在生态系统的物质循环中起到了重要的作用。

再次，真菌还具有共生和寄生的特性。一些真菌可以与植物形成共生关系，如某些真菌与植物的根共生，形成菌根，帮助植物吸收水分和养分；而另一些真菌则可以寄生在动植物体内，吸取其营养，导致动植物患病。这种共生和寄生的特性使得真菌在生态系统中扮演着复杂的角色。

最后，真菌还具有一定的经济价值。许多真菌可以作为食材，如蘑菇、木耳等，不仅美味可口，而且富含营养；一些真菌还具有药用价值，如灵芝、冬虫夏草等，被广泛应用于中医药领域；此外，真菌还在工业、农业等领域发挥着重要的作用，如生物发酵、生物防治等。

3. 病毒

在生物学的广袤领域中，病毒无疑是一个充满神秘和挑战的课题。它们既不属于动物，也不属于植物，但它们无处不在。

病毒是一种微小的、专性细胞内寄生的非细胞型生物。它们没有细胞结构，无法独立生存和繁殖，必须依赖宿主细胞才能进行生命活动。病毒由核酸和蛋白质外壳构成，核酸携带病毒的遗传信息，而蛋白质外壳则保护核酸并决定病毒的感染特性。

病毒的特点主要体现在以下几个方面。

① 极小的体积和简单的结构。病毒的直径一般在几十纳米到几百纳米之间，远小于细菌和真菌等微生物。它们的结构也相对简单，主要由核酸和蛋白质组成，没有细胞壁、细胞膜等复杂的细胞结构。这种微小的体积和简单的结构使得病毒能够

轻易地侵入宿主细胞，进行复制和传播。

② 专一的寄生性。病毒无法独立生存和繁殖，必须依赖宿主细胞才能进行生命活动。每种病毒都有其特定的宿主范围和感染方式，这使得它们能够精确地攻击特定的生物体或细胞。

③ 高度的变异性。病毒的遗传物质在复制过程中容易发生突变和重组，导致病毒的基因型和表型发生变化。这种高度的变异性使得病毒能够迅速适应环境的变化，对药物和疫苗产生抗性。

④ 潜伏性和传播性。许多病毒在感染宿主后并不会立即引发症状，而是潜伏在宿主体内，等待合适的时机再发作。同时，病毒具有很强的传播性，可以通过空气、水源、食物等多种途径在生物之间传播。

(二) 细菌、真菌、病毒的区别

1. 细菌与病毒的区别

病毒是一类个体微小、无细胞结构、由蛋白质和核酸组成、必须在活细胞内寄生并复制的非细胞型微生物。而细菌有细胞结构，属于细胞型微生物。

细菌较大，用普通光学显微镜就可以看到。病毒则比较小，一般要用放大倍数超过万倍的电子显微镜才能看到。细菌一般可在特定培养基上培养，而病毒一般不能。

细菌和病毒均属于微生物。在一定的环境条件下，细菌和病毒都可以在人体中增殖，并可能导致疾病的发生。值得指出的一点是，在人们身体的许多部位都有细菌的存在，医学上称为正常菌群，它们与我们和平相处，互惠互利。而在任何情况下从机体中发现病毒都属非正常状况。

2. 细菌与真菌的区别

细菌和真菌的名称中都有一个"菌"字，同属微生物，但两者在生物类型、细胞结构、细胞大小、增殖方式和名称组成上却有着诸多不同。比较如下。

(1) 生物类型

一是从有无成形的细胞核来看，细菌没有核膜包围形成的细胞核，属于原核生物；真菌有核膜包围形成的细胞核，属于真核生物。二是从组成生物的细胞数目来看，细菌全部是由单个细胞构成的，为单细胞型生物；真菌既有由单个细胞构成的单细胞型生物 (如酵母菌)，也有由多个细胞构成的多细胞型生物 (如食用菌、霉菌等)。

(2) 细胞结构

细菌和真菌都具有细胞结构，属于细胞型生物，都具有细胞壁、细胞膜、细胞质，但也存在诸多不同，具体表现在：一是细胞壁的成分不同，细菌细胞壁的主要成分是肽聚糖（peptidoglycan），而真菌细胞壁的主要成分是几丁质。二是细胞质中的细胞器组成不同，细菌只有核糖体一种细胞器；而真菌除具有核糖体外，还有内质网、高尔基体、线粒体、中心体等多种细胞器。三是细菌没有成形的细胞核，只有拟核（nucleoid）；真菌具有细胞核。四是细菌没有染色体，其DNA分子单独存在；真菌细胞核中的DNA与蛋白质结合在一起形成染色体（染色质）。

（3）细胞大小

原核细胞较小，直径一般为1~10μm；真核细胞较大，直径一般为10~100μm。

（4）增殖方式

细菌是原核生物，为单细胞型生物，主要通过二分裂（binary fission）的方式增殖；真菌为真核生物，细胞的增殖主要通过有丝分裂进行，因真菌种类的不同，其个体增殖方式主要有出芽生殖（如酵母菌）和孢子生殖（食用菌）等方式。

（5）名称组成

尽管细菌和真菌的名称中都有一个"菌"字，但细菌的名称中一般含有"球""杆""弧""螺旋"等描述细菌形态的字眼；而真菌名称中则不含有这些字眼。

3.病毒和真菌的区别

病毒和真菌的区别包括结构不同、导致的疾病以及治疗方法不同、感染时间长短不同等。

（1）结构不同

病毒没有细胞结构，为非细胞型生物，并且组成比较简单，有单一的寄生性，需要在活细胞中才能够存活。真菌有细胞结构，为细胞型生物，其数量多、种类多、分布范围较广，通常可以存在于不同的地方。

（2）导致的疾病以及治疗方法不同

病毒感染可能会引起带状疱疹、水痘、尖锐湿疣等疾病，需要在医生的指导下服用抗病毒的药物进行治疗。真菌感染可能会引起手癣、足癣、体癣等，需要在医生的指导下服用抗真菌的药物进行治疗。

（3）感染时间长短不同

病毒感染大多具有自限性，一般在7~10天症状会自行好转，并且身体会得到康复。由于真菌感染会持续发生，可能会在治疗好转后反复发作，需要进行抗真菌感染治疗。

第二节　微生物的形态学与细胞结构

一、细菌的形态与结构

（一）细菌的大小与形态

观察细菌最常用的仪器是光学显微镜，其大小可以用测微尺在显微镜下进行测量，一般以微米（μm）为单位。在营养丰富的培养条件下，细菌呈浮游（planktonic）状态，按其外形分，主要有球菌（coccus）、杆菌（bacillus）和螺形菌（spiral bacterium）三大类。在自然界及人和动物体内，绝大多数细菌黏附在无生命或有生命的物体表面，以生物被膜（biofilm）的形式存在。

1. 球菌

多数球菌直径在1μm左右，外观呈圆球形或近似球形。由于繁殖时细菌分裂平面不同和分裂后菌体之间相互黏附程度不一，不同球菌可形成不同的排列方式，这对一些球菌的鉴别颇有意义。

① 双球菌（diplococcus）在一个平面上分裂，分裂后两个菌体成对排列，如脑膜炎奈瑟菌、肺炎链球菌。

② 链球菌（streptococcus）在一个平面上分裂，分裂后多个菌体粘连成链状，如乙型溶血性链球菌。

③ 葡萄球菌（staphylococcus）在多个不规则的平面上分裂，分裂后菌体无一定规则地粘连在一起似葡萄状，如金黄色葡萄球菌。

④ 四联球菌（tetrads）在两个互相垂直的平面上分裂，分裂后四个菌体黏附在一起，如四联加夫基菌。

⑤ 八叠球菌（sarcina）在三个互相垂直的平面上分裂，分裂后八个菌体黏附成包裹状立方体，如藤黄八叠球菌。

在标本或培养物中，除上述的典型排列方式外，各类球菌还可有分散的单个菌体存在。

2. 杆菌

不同杆菌的大小、长短、粗细很不一致。大的杆菌如炭疽芽孢杆菌长3~10μm，中等的如大肠埃希菌长2~3μm，小的如布鲁菌仅长0.6~1.5μm。

杆菌形态多数呈直杆状，也有的菌体稍弯；多数分散存在，也有的呈链状排列，称为链杆菌（streptobacillus）；菌体两端大多呈钝圆形，少数两端平齐（如炭疽芽孢杆菌）或两端尖细（如梭杆菌）。有的杆菌末端膨大成棒状，称为棒状杆菌

（corynebacterium）；有的菌体短小，近于椭圆形，称为球杆菌（coccobacillus）；有的常呈分枝生长趋势，称为分枝杆菌（mycobacterium）；有的末端常呈分叉状，称为双歧杆菌（bifidobacterium）。

3. 螺形菌

螺形菌菌体弯曲，有的菌体长 2～3μm，只有一个弯曲，呈弧形或逗点状，称为弧菌（vibrio），如霍乱弧菌；有的菌体长 3～6μm，有数个弯曲，称为螺菌（spirillum），如小螺菌；也有的菌体细长弯曲，呈弧形或螺旋形，称为螺杆菌（helico-bacterium），如幽门螺杆菌。

细菌的形态受温度、pH、培养基成分和培养时间等环境因素影响很大。一般细菌在适宜的生长条件下培养 8～18 小时形态比较典型，在不利环境或菌龄老时常出现梨形、气球状和丝状等不规则的多形性（pleomorphism），称为衰退型（involution form）。因此，观察细菌的大小和形态，应选择适宜生长条件下的对数生长期为宜。

（二）细菌的结构

细菌虽小，但仍具有一定的细胞结构和功能。细胞壁、细胞膜、细胞质和核质等是细菌的基本结构；荚膜、鞭毛、菌毛、芽孢仅某些细菌具有，为细菌的特殊结构。

1. 细菌的基本结构

（1）细胞壁

细胞壁（cell wall）位于细胞的最外层，包绕在细胞膜的周围，是一种膜状结构，组成较复杂，不同细菌细胞壁的成分不同。用革兰染色法可将细菌分为两大类，即革兰氏阳性（G^+）菌和革兰氏阴性（G^-）菌。两类细菌细胞壁的共有组分为肽聚糖。

① 肽聚糖是一类复杂的多聚体，是细菌细胞壁中的主要组分，为原核细胞所特有，又称为黏肽（mucopeptide）或胞壁质（murein）。G^+ 菌的肽聚糖由聚糖骨架、四肽侧链和五肽交联桥三部分组成，G^- 菌的肽聚糖仅由聚糖骨架和四肽侧链两部分组成。

聚糖骨架由 N-乙酰葡糖胺（N-acetylglucosamine）和 N-乙酰胞壁酸（N-acetylmu-ramic acid）交替间隔排列，经 β-1,4-糖苷键连接而成。G^+ 菌和 G^- 菌的细胞壁的聚糖骨架均相同。

四肽侧链的组成和连接方式随细菌的不同而有所差异。如葡萄球菌（G^+ 菌）细胞壁的四肽侧链的氨基酸依次为 L-丙氨酸、D-谷氨酸、L-赖氨酸和 D-丙氨酸；第三位的 L-赖氨酸通过由 5 个甘氨酸组成的交联桥连接到相邻聚糖骨架四肽侧链末端的 D-丙氨酸上，从而构成机械强度十分坚韧的三维立体结构。在大肠埃希菌（G^-

菌）的四肽侧链中，第三位氨基酸是二氨基庚二酸（diaminopimelic acid, DAP），并由 DAP 与相邻四肽侧链末端的 D- 丙氨酸直接连接，没有五肽交联桥，因而只形成单层平面网络的二维结构。其他细菌的四肽侧链中第三位氨基酸变化最大，大多数 G^- 菌为 DAP，而 G^+ 菌可以是 DAP、L- 赖氨酸或其他 L- 氨基酸。

② G^+ 菌的细胞壁较厚（20 ~ 80 nm），除含有 15 ~ 50 层肽聚糖结构外，大多数还含有大量的磷壁酸（teichoic acid），少数含有磷壁醛酸（teichuroic acid），约占细胞壁干重的 50%。

磷壁酸是由核糖醇（ribitol）或甘油残基经磷酸二酯键互相连接而成的多聚物，其结构中少数基团被氨基酸或糖所取代，多个磷壁酸分子组成长链穿插于肽聚糖层中。按其结合部位不同，磷壁酸可分为壁磷壁酸（wall teichoic acid）和膜磷壁酸（membrane teichoic acid）两种。壁磷壁酸的一端通过磷脂与肽聚糖上的胞壁酸共价结合，另一端伸出细胞壁游离于外。膜磷壁酸，或称脂磷壁酸（lipoteichoic acid, LTA），其一端与细胞膜外层上的糖脂共价结合，另一端穿越肽聚糖层伸出细胞壁表面呈游离状态。磷壁醛酸与磷壁酸相似，仅是糖醛酸代替了磷酸。

此外，某些革兰氏阳性菌细胞壁表面还有一些特殊的表面蛋白质，如金黄色葡萄球菌的 A 蛋白、A 群链球菌的 M 蛋白等。

③ G^- 菌细胞壁较薄（10 ~ 15 nm），但结构较复杂。除含有 1 ~ 2 层的肽聚糖结构外，还有外膜（outer membrane），约占细胞壁干重的 80%。

外膜由脂蛋白、脂质双层和脂多糖三部分组成。脂蛋白位于肽聚糖层和脂质双层之间，其蛋白质部分与肽聚糖侧链的二氨基庚二酸相连，其脂质成分与脂质双层非共价结合，使外膜和肽聚糖层构成一个整体。脂质双层的结构类似细胞膜，双层内镶嵌着多种蛋白质称为外膜蛋白（outer membrane protein, OMP），其中有的为孔蛋白（porin），如大肠埃希菌的 OmpF、OmpC，允许水溶性分子（相对分子量 ≤ 600）通过；有的为诱导性或去阻遏蛋白质，参与特殊物质的扩散过程；有的为噬菌体、性菌毛或细菌素的受体。由脂质双层向细胞外伸出的是脂多糖（lipopolysaccharide, LPS）。LPS 由脂质 A、核心多糖和特异多糖三部分组成，即 G^- 菌的内毒素（endotoxin）。

脂质 A（lipid A）为一种糖磷脂，由 β-1',6- 糖苷键相连的 D- 氨基葡萄糖双糖组成基本骨架，双糖骨架的游离羟基和氨基可携带多种长链脂肪酸和磷酸基团。不同种属细菌的脂质 A 骨架基本一致，其主要差别是脂肪酸的种类和磷酸基团的取代不尽相同，其中 β- 羟基豆蔻酸是肠道菌所共有的。脂质 A 是内毒素的毒性和生物学活性的主要组分，无种属特异性，故不同细菌产生的内毒素的毒性作用均相似。

核心多糖（core polysaccharide）位于脂质 A 的外层，由己糖（葡萄糖、半乳糖等）、庚糖、2- 酮基 -3- 脱氧辛酸（2-keto-3-deoxyoctonic acid, KDO）、磷酸乙醇胺等

组成，经 KDO 与脂质 A 共价连接。核心多糖有属特异性，同一属细菌的核心多糖相同。

特异多糖（specific polysaccharide）是脂多糖的最外层，由数个至数十个寡聚糖（3~5 个单糖）重复单位所构成的多糖链。特异多糖即 G⁻ 菌的菌体抗原（O 抗原），具有种特异性，因为其多糖中单糖的种类、位置、排列和空间构型各不相同。特异多糖缺失，细菌从光滑（smooth，S）型变为粗糙（rough，R）型。

此外，少数 G⁻ 菌（脑膜炎奈瑟菌、淋病奈瑟菌、流感嗜血杆菌）的 LPS 结构不典型，其外膜糖脂含有短链分枝状聚糖组分（与粗糙型肠道菌的 LPS 相似），称为脂寡糖（lipooligosaccharide，LOS）。它与哺乳动物细胞膜的鞘糖脂成分非常相似，从而使这些细菌逃避宿主免疫细胞的识别。LOS 作为重要的毒力因子受到关注。

在 G⁻ 菌的细胞膜和外膜的脂质双层之间有一空隙，约占细胞体积的 20%~40%，称为周浆间隙（periplasmic space）。该间隙含有多种水解酶，如蛋白酶、核酸酶、碳水化合物降解酶，以及作为毒力因子的胶原酶、透明质酸酶和 β- 内酰胺酶等，在细菌获得营养、解除有害物质毒性等方面有重要作用。

G⁺ 菌和 G⁻ 菌细胞壁结构显著不同，导致这两类细菌在染色性、抗原性、致病性及对药物的敏感性等方面存在很大差异。

④ 细胞壁的功能。细菌细胞壁坚韧而富有弹性，其主要功能为维持菌体固有的形态，并保护细菌抵抗低渗环境。细菌细胞质内有高浓度的无机盐和大分子营养物质，其渗透压高达 506.6~2 533.1kPa（5~25 个大气压）。细胞壁的保护作用，使细菌能承受内部巨大的渗透压而不会破裂，并能在相对低渗的环境下生存。细胞壁上有许多小孔，参与菌体内外的物质交换。菌体表面带有多种抗原表位，可以诱发机体的免疫应答。

G⁺ 菌的磷壁酸是重要表面抗原，与血清型分类有关。它带有较多的负电荷，能与 Mg^{2+} 等双价离子结合，有助于维持菌体内离子的平衡。磷壁酸还可起到稳定和加强细胞壁的作用。乙型溶血性链球菌表面的 M 蛋白与 LTA 结合在细菌表面形成微纤维（micro-fibrils），后者介导菌体与宿主细胞的黏附，是其致病因素之一。

G⁻ 菌的外膜是一种有效的屏障结构，使细菌不易受到机体的体液杀菌物质、肠道的胆盐及消化酶等的作用。外膜通透性的降低可阻止某些抗菌药物进入，以及外膜主动外排（泵出）抗菌药物，均成为细菌重要的耐药机制。LPS（内毒素）是 G⁻ 菌重要的致病物质，使机体发热、白细胞增多，直至休克死亡。另外，LPS 也可增强机体非特异性抵抗力，并有抗肿瘤等有益作用。

⑤ 细菌细胞壁缺陷型（细菌 L 型）。细菌细胞壁的肽聚糖结构受到理化或生物因素的直接破坏或合成被抑制，这种细胞壁受损的细菌在高渗环境下仍可存活者称

为细菌细胞壁缺陷型。因其首先在利斯特（Lister）研究院被发现，故取其第一个字母命名，称为细菌 L 型（bacte-rial L form）。G$^+$ 菌细胞壁缺失后，原生质仅被一层细胞膜包住，称为原生质体（protoplast）；G$^-$ 菌肽聚糖层受损后尚有外膜保护，称为原生质球（spheroplast）。

细菌 L 型在体内或体外、人工诱导或自然情况下均可形成，诱发因素很多，如溶菌酶（lysozyme）和溶葡萄球菌素（lysostaphin）、青霉素、胆汁、抗体、补体等。

细菌 L 型的形态因缺失细胞壁而呈高度多形性，大小不一，有球形、杆状和丝状等。无论其原为 G$^+$ 菌还是 G$^-$ 菌，细菌 L 型的染色结果大多为革兰氏阴性。细菌 L 型难以培养，其营养要求基本与原菌相似，但需在高渗、低琼脂、含血清的培养基中生长，即必须补充 30 ~ 50 g/L NaCl、100 ~ 200 g/L 蔗糖或 70 g/L 聚乙烯吡咯烷酮（PVP）等稳定剂，以提高培养基的渗透压。同时还需加 10% ~ 20% 的人或马的血清。制备固体培养基时，可在液体培养基中加入少量 8 ~ 10 g/L 的琼脂，使细菌 L 型在生长时可以琼脂为支架。细菌 L 型生长繁殖较原菌缓慢，一般培养 2 ~ 7 天后在软琼脂平板上形成中间较厚、四周较薄的荷包蛋样细小菌落，也有的长成颗粒状或丝状菌落。细菌 L 型在液体培养基中生长后呈较疏松的絮状颗粒，沉于管底，培养液则澄清。去除诱发因素后，有些细菌 L 型可恢复为原菌，有些则不能恢复，其决定因素为细菌 L 型是否含有残存的肽聚糖作为自身再合成的引物。

某些细菌 L 型仍有一定的致病力，通常引起慢性感染，如尿路感染、骨髓炎、心内膜炎等，并常在使用作用于细胞壁的抗菌药物（如 β- 内酰胺类抗生素等）治疗过程中发生。临床上遇有症状明显而标本常规细菌培养阴性者，应考虑细菌 L 型感染的可能性，宜做细菌 L 型的专门分离培养，并更换抗菌药物。

溶菌酶和青霉素是细菌 L 型最常用的人工诱导剂。溶菌酶和溶葡萄球菌素作用相同，能裂解肽聚糖中 N- 乙酰葡糖胺和 N- 乙酰胞壁酸之间的 β-1，4 糖苷键，破坏聚糖骨架，引起细菌裂解。青霉素能与细菌竞争合成肽聚糖过程中所需的转肽酶，抑制四肽侧链上 D- 丙氨酸与五肽桥之间的连接，使细菌不能合成完整的肽聚糖，在一般渗透压环境中，可导致细菌死亡。在高渗情况下，这些细胞壁缺陷的细菌 L 型仍可存活。G$^+$ 菌细胞壁缺陷形成的原生质体，由于菌体内渗透压很高，可达 20 ~ 25 个大气压，故在普通培养基中很容易胀裂死亡，必须保存在高渗环境中。G$^-$ 菌细胞壁中肽聚糖含量较少，菌体内的渗透压（5 ~ 6 个大气压）亦比 G$^+$ 菌低，细胞壁缺陷形成的原生质球在低渗环境中仍有一定的抵抗力。

（2）细胞膜

细胞膜（cell membrane）也称胞质膜（cytoplasmic membrane），位于细胞壁内侧，紧包着细胞质。厚约 7.5 nm，柔韧致密，富有弹性，占细胞干重的 10% ~ 30%。细菌细胞膜的结构与真核细胞细胞膜的结构基本相同，由磷脂和多种蛋白质组成，但不含胆固醇。细菌细胞膜是细菌赖以生存的重要结构之一，其主要功能如下。

① 物质转运细菌的细胞膜会形成疏水性屏障，允许水和某些小分子物质被动性扩散、特异性营养物质的选择性进入和废物的排出，以及透性酶参与营养物质的主动摄取过程。

② 呼吸细胞的细胞膜含有细胞色素和组成呼吸链的其他酶类及三羧酸循环的某些酶，参与细胞的呼吸和能量代谢。此外，由多种细胞膜蛋白、外膜蛋白和辅助蛋白组成的 G^- 菌的蛋白质分泌系统（I～V型），与细菌的代谢和致病性密切相关。

③ 生物合成细胞膜含有多种酶类，参与细胞结构（如肽聚糖、鞭毛和荚膜等）的合成。其中与肽聚糖合成有关的酶类（转肽酶或转糖基酶），也是青霉素作用的主要靶位，称为青霉素结合蛋白（penicillin-binding protein，PBP），与细菌的耐药性形成有关。

④ 参与细菌分裂。细菌部分细胞膜内陷、折叠、卷曲形成的囊状物，称为中介体（mesosome）。中介体多见于 G^+ 菌，常位于菌体侧面（侧中介体）或靠近中部（横膈中介体），可有一个或多个。中介体一端连在细胞膜上，另一端与核质相连，细胞分裂时中介体亦一分为二，各携一套核质进入子代细胞，有类似真核细胞纺锤丝的作用。中介体的形成，有效地扩大了细胞膜的面积，相应地增加了酶的含量和能量的产生，其功能类似于真核细胞的线粒体，故亦称为拟线粒体（chondroid）。

（3）细胞质

细胞膜包裹的溶胶状物质为细胞质（cytoplasm），或称原生质（protoplasm），由水、蛋白质、脂类、核酸及少量糖和无机盐组成，其中含有许多重要结构。

① 核糖体（ribosome）。核糖体是细菌合成蛋白质的场所，游离存在于细胞质中，每个细菌体内可达数万个。细菌核糖体沉降系数为70S，由50S和30S两个亚基组成，以大肠埃希菌为例，其化学组成66%是RNA（包括23S、16S和5S rRNA），34%为蛋白质。核糖体常与正在转录的mRNA相连呈串珠状，称多聚核糖体（polysome），使转录和转译偶联在一起。在生长活跃的细菌体内，几乎所有的核糖体都以多聚核糖体的形式存在。

细菌的核糖体与真核生物核糖体不同，后者沉降系数为80S，由60S和40S两个亚基组成。有些抗生素如链霉素能与细菌核糖体的30S亚基结合，红霉素与细菌核糖体的50S亚基结合，均能干扰其蛋白质合成，从而杀死细菌，但这些药物对人类的核糖体无作用。

② 质粒（plasmid）。质粒是染色体外的遗传物质，存在于细胞质中，为闭合环状的双链DNA，带有遗传信息，控制细菌某些特定的遗传性状。质粒能独立自行复

制，随细菌分裂转移到子代细胞中。质粒不是细菌生长所必不可少的，失去质粒的细菌仍能正常存活。质粒除决定该菌自身的某种性状外，还可通过接合或转导等作用将有关性状传递给另一细菌。质粒编码的细菌性状有菌毛、细菌素、毒素和耐药性等，赋予细菌致病性和耐药性的特点。

③ 胞质颗粒。细菌细胞质中含有多种颗粒，大多为贮藏的营养物质，包括多糖（糖原、淀粉等）、脂类、磷酸盐等。胞质颗粒又称为内含物（inclusion），不是细菌的恒定结构，不同菌有不同的胞质颗粒，同一菌在不同环境或生长期亦可不同。当营养充足时，胞质颗粒较多；养料和能源短缺时，动用贮备，颗粒减少甚至消失。胞质颗粒中有一种主要成分是 RNA 和多偏磷酸盐（polymetaphosphate）的颗粒，其嗜碱性强，用亚甲蓝染色时着色较深，呈紫色，称为异染颗粒（metachromatic granule）或迂回体（volutin）。异染颗粒常见于白喉棒状杆菌，位于菌体两端，故又称极体（polar body）。

（4）核质

细菌是原核细胞，不具成形的细胞核。细菌的遗传物质称为核质（nuclear material）或拟核，集中于细胞质的某一区域，多在菌体中央，无核膜、核仁和有丝分裂器，因其功能与真核细胞的染色体相似，故习惯上亦称之为细菌的染色体（chromosome）。

细菌核质为单倍体，细胞分裂时可有完全相同的多拷贝。核质由单一密闭环状 DNA 分子反复回旋、卷曲、盘绕，组成松散网状结构。核质的化学组成除 DNA 外，还有少量的 RNA（以 RNA 多聚酶形式存在）和蛋白质，但不含组氨酸，也不形成核小体。细菌经 RNA 酶或酸将 RNA 水解，再用福尔根（Feulgen）染色，光学显微镜下可看到被染色的核质，形态多呈球形、棒状或哑铃状。

细菌的染色体与真核细胞染色体有显著的不同，一是前者的 DNA 量要少得多，其序列的组织性也就简单得多。二是除了 RNA 基因通常是多拷贝，以便装备大量的核糖体满足细菌的迅速生长繁殖外，细菌绝大多数编码蛋白质的基因保持单拷贝形式，很少有重复序列。由于细菌没有核膜，染色体 DNA 转录的过程中核糖体就可以与 mRNA 结合，使转录和翻译相偶联。

2.细菌的特殊结构

（1）荚膜

某些细菌在其细胞壁外包绕一层黏液性物质，为多糖或蛋白质的多聚体，用理化方法去除后并不影响细菌细胞的生命活动。凡黏液性物质牢固地与细胞壁结合，厚度 ≥ 0.2 μm，边界明显者称为荚膜（capsule）或大荚膜（macrocapsule）；厚度 < 0.2 μm 者称为微荚膜（microcapsule），伤寒沙门菌的毒力抗原以及大肠埃希菌

的 K 抗原等属于此类。若黏液性物质疏松地附着于菌细胞表面，边界不明显且易被洗脱者称为黏液层（slime layer）。荚膜和黏液层也称为糖萼（glyco-calyx）。荚膜是细菌致病的重要毒力因子，也可以帮助鉴别细菌。

① 荚膜的化学组成。

大多数细菌的荚膜是多糖，炭疽芽孢杆菌、鼠疫耶氏菌等少数菌的荚膜为多肽。荚膜多糖为高度水合分子，含水量 95% 以上，与菌细胞表面的磷脂或脂质 A 共价结合。多糖分子组成和构型的多样化使其结构极为复杂，成为血清学分型的基础。例如肺炎链球菌的荚膜多糖物质的抗原至少可分成 85 个血清型。荚膜与同型抗血清结合发生反应后即逐渐增大，出现荚膜肿胀反应，可借此将细菌定型。

荚膜对一般碱性染料亲和力低，不易着色，普通染色只能见到菌体周围有未着色的透明圈。如用墨汁负染，则荚膜显现更为清楚。用特殊染色法可将荚膜染成与菌体不同的颜色。荚膜的形成受遗传的控制和环境条件的影响。一般在动物体内或含有血清或糖的培养基中容易形成荚膜，在普通培养基上或连续传代则易消失。有荚膜的细菌在固体培养基上形成黏液（M）型或光滑（S）型菌落，失去荚膜后其菌落变为粗糙（R）型。

② 荚膜的功能。

荚膜和微荚膜具有相同的功能。

第一，抗吞噬作用。荚膜具有保护细菌、抵抗宿主吞噬细胞的吞噬和消化的作用，增强细菌的侵袭力，因而荚膜是病原菌的重要毒力因子。荚膜多糖亲水和带负电荷，与吞噬细胞膜有静电排斥力，故能阻滞表面吞噬活性。例如肺炎链球菌，有荚膜株仅数个菌就可使实验小鼠致死，无荚膜株则需高达上亿个菌才能使小鼠死亡。

第二，黏附作用。荚膜多糖可使细菌彼此之间粘连，也可黏附于组织细胞或无生命物体表面，参与生物被膜（biofilm）的形成，是引起感染的重要因素。变异链球菌（S.mutans）依靠荚膜将其固定在人体牙齿表面，利用人体口腔中的蔗糖产生大量的乳酸，积聚在附着部位形成生物被膜，导致牙齿珐琅质被破坏，发生龋齿。有些细菌具有荚膜（例如铜绿假单胞菌），在住院病人的各种导管内黏附定居形成生物被膜，是医院感染发生的重要因素。

第三，抗有害物质的损伤作用。荚膜处于菌细胞的最外层，有保护菌体，避免和减少受溶菌酶、补体、抗体和抗菌药物等有害物质的损伤作用。

（2）鞭毛

许多细菌，包括所有的弧菌和螺菌、约半数的杆菌和个别球菌，在菌体上附有细长并呈波状弯曲的丝状物，少者仅 1~2 根，多者达数百根。这些丝状物称为鞭毛（flagellum），是细菌的运动器官。鞭毛长 5~20μm，直径为 12~30 nm，须用电子显微镜观察，或经特殊染色法使鞭毛增粗后才能在普通光学显微镜下看到。

根据鞭毛的数量和部位，可将鞭毛菌分成4类：单毛菌（monotrichate），只有一根鞭毛，位于菌体一端，如霍乱弧菌；双毛菌（amphitrichate），菌体两端各有一根鞭毛，如空肠弯曲菌；丛毛菌（lophotrichate），菌体一端或两端有一丛鞭毛，如铜绿假单胞菌；周毛菌（peritrichate），菌体周身遍布许多鞭毛，如伤寒沙门菌。

① 鞭毛的结构。

鞭毛自细胞膜长出，游离于菌细胞外，由基础小体、钩状体和丝状体三部分组成。

基础小体（basal body）位于鞭毛根部，嵌在细胞壁和细胞膜中。G^- 菌鞭毛的基础小体由一根圆柱、两对同心环和输出装置组成。其中，一对是 M（membrane）环和 S（supramembrane）环，附着在细胞膜上；另一对是 P（peptidoglycan）环和 L（lipopolysaccharide）环，附着在细胞壁的肽聚糖和外膜的脂多糖上。基础小体的基底部是鞭毛的输出装置（export apparatus），位于细胞膜内面的细胞质内。基底部圆柱体周围的发动器（motor）为鞭毛运动提供能量，近旁的开关（switch）决定鞭毛转动的方向。G^+ 菌的细胞壁无外膜，其鞭毛只有 M、S 一对同心环。

钩状体（hook）位于鞭毛伸出菌体之处，约呈 90° 钩状弯曲。鞭毛由此转弯向外伸出，成为丝状体。

丝状体（filament）呈纤丝状，伸出菌体外，由鞭毛蛋白（flagellin）紧密排列并缠绕而成中空管状结构。丝状体的作用犹如船舶或飞机的螺旋桨推进器。鞭毛蛋白是一种弹性纤维蛋白，其氨基酸组成与骨骼肌中的肌动蛋白相似，可能与鞭毛的运动有关。

鞭毛是从尖端生长，在菌体内形成的鞭毛蛋白分子不断地添加到鞭毛的末端。若用机械方法去除鞭毛，很快就会合成新的鞭毛，3~6 min 内就能恢复动力。各菌种的鞭毛蛋白结构不同，具有高度的抗原性，称为鞭毛（H）抗原。

② 鞭毛的功能。

具有鞭毛的细菌在液体环境中能自由、迅速地游动，如单鞭毛的霍乱弧菌每秒可移动 55 μm；周毛菌移动较慢，每秒移动 25~30 μm。细菌的运动有化学趋向性，常向营养物质处前进，而逃离有害物质。

有些细菌的鞭毛与致病性有关。如霍乱弧菌、空肠弯曲菌等通过活泼的鞭毛运动穿透小肠黏膜表面覆盖的黏液层，使菌体黏附于肠黏膜上皮细胞，产生毒性物质导致病变的发生。

根据细菌能否运动（有无动力），鞭毛的数量、部位和特异的抗原性，可鉴定细菌和进行细菌分类。

（3）菌毛

许多 G⁻ 菌和少数 G⁺ 菌菌体表面存在一种直的，比鞭毛更细、更短的丝状物，称为菌毛（pilus 或 fimbriae）。菌毛由结构蛋白亚单位菌毛蛋白（pilin）组成，呈螺旋状排列成圆柱体，新形成的菌毛蛋白分子插入菌毛的基底部。菌毛蛋白具有抗原性，其编码基因位于细菌的染色体或质粒上。菌毛在普通光学显微镜下看不到，必须用电子显微镜观察。

根据功能不同，菌毛可分为普通菌毛和性菌毛两类。

① 普通菌毛（ordinary pilus）。

普通菌毛长 $0.2 \sim 2 p\mu m$，直径 $3 \sim 8 nm$，遍布菌细胞表面，每菌可达数百根。这类菌毛是细菌的黏附结构，能与宿主细胞表面的特异性受体结合，是细菌感染的第一步。因此，菌毛与细菌的致病性密切相关。菌毛的受体常为糖蛋白或糖脂，与菌毛结合的特异性决定了宿主感染的易感部位。同样，如果红细胞表面具有菌毛受体的相似成分，不同的菌毛就会引起不同类型的红细胞凝集，称为血凝（hemagglutination，HA），借此可以鉴定菌毛。例如，大肠埃希菌的 I 型菌毛（type I 或 common pili），黏附于肠道和尿道黏膜上皮细胞表面，能凝集豚鼠红细胞，可被 D- 甘露糖所抑制，称为甘露糖敏感性血凝（MSHA）；致肾盂肾炎大肠埃希菌（pyelonephritic E.coli 或 uropatho-genic E.coli，UPEC）的 P 菌毛（pyelonephritis-associated pili，P pili）常黏附于肾脏的集合管和肾盏，能凝集 P 血型阳性红细胞，且不被甘露糖所抑制，称为甘露糖抗性血凝（MRHA），是上行性尿路感染的重要致病菌。一些细菌的普通菌毛是由质粒编码的；而另一些细菌的普通菌毛则由染色体控制。例如，肠产毒型大肠埃希菌（enterotoxigenic E. coli，ETEC）的定植因子是一种特殊类型的菌毛（CFA/I，CFA/II），黏附于小肠黏膜细胞，编码定植因子和肠毒素的基因均位于可接合传递的质粒上，是该菌重要的毒力因子；霍乱弧菌、肠致病性大肠埃希菌（EPEC）和淋病奈瑟菌的菌毛都属于 V 型菌毛，由染色体控制，在所致的肠道或泌尿生殖道感染中起关键作用。菌毛的黏附作用可帮助菌株抵抗肠蠕动或尿液的冲洗作用而有利于定居，一旦丧失菌毛，其致病力也随之消失。

在 G⁺ 菌中，A 群链球菌的菌毛与 M 蛋白和 LTA 结合在一起，介导该菌与宿主黏膜上皮细胞的黏附。

② 性菌毛（sex pilus）。

性菌毛仅见于少数 G⁻ 菌，数量少，一个菌只有 $1 \sim 4$ 根，比普通菌毛长而粗，中空呈管状。性菌毛由一种称为致育因子（fertility factor，F factor）的质粒编码，故性菌毛又称 F 菌毛。带有性菌毛的细菌称为 F⁺ 菌，无性菌毛的细菌称为 F⁻ 菌。当 F⁺ 菌与 F⁻ 菌相遇时，F⁺ 菌的性菌毛与 F⁻ 菌相应的性菌毛受体（如外膜蛋白 A）结合，

F⁺菌体内的质粒或染色体 DNA 可通过中空的性菌毛进入 F⁻菌体内，这个过程称为接合（conjugation）。细菌的毒力、耐药性等性状可通过接合方式传递。此外，性菌毛也是某些噬菌体吸附于菌细胞的受体。

（4）芽孢

某些细菌在一定的环境条件下，胞质脱水浓缩，在菌体内部形成一个圆形或卵圆形小体，这是细菌的休眠形式，称为芽孢（spore）。产生芽孢的细菌都是 G⁺菌，芽孢杆菌属（炭疽芽孢杆菌等）和梭菌属（破伤风梭菌等）是主要形成芽孢的细菌。

① 芽孢的形成与发芽。

细菌芽孢的形成受遗传因素的控制和环境因素的影响。芽孢一般只在动物体外形成，其形成条件因菌种而异。如炭疽芽孢杆菌在有氧条件下形成，而破伤风梭菌则相反。营养缺乏尤其是 C、N、P 元素不足时，细菌生长繁殖速率减慢，启动芽孢形成的基因。

成熟的芽孢具有多层膜结构，由内向外依次是核心、内膜、芽孢壁、皮质、外膜、芽孢壳和芽孢外衣。芽孢带有完整的核质、酶系统和合成菌体组分的结构，能保存细菌的全部生命必需物质。

芽孢形成后，细菌即失去繁殖的能力，菌体成为空壳，有些芽孢可从菌体脱落游离。一个细菌只形成一个芽孢，一个芽孢发芽也只生成一个菌体，细菌数量并未增加，因而芽孢不是细菌的繁殖方式。与芽孢相比，未形成芽孢而具有繁殖能力的菌体称为繁殖体（vegetativeform）。芽孢形成后，若在机械力、热、pH 改变等刺激作用下，破坏其芽孢壳，并供给水分和营养，芽孢可发芽，形成新的菌体。

芽孢折光性强，壁厚，不易着色，染色时需经媒染、加热等处理。芽孢的大小、形状、位置等因菌种而异，有重要的鉴别价值。例如，炭疽芽孢杆菌的芽孢为卵圆形，比菌体小，位于菌体中央；破伤风梭菌芽孢为圆形，比菌体大，位于顶端，状如鼓槌；肉毒梭菌芽孢亦比菌体大，位于次极端。

② 芽孢的功能。

细菌的芽孢对热力、干燥、辐射、化学消毒剂等理化因素均有强大的抵抗力。一般细菌繁殖体在 80℃水中会迅速死亡，而有的细菌芽孢可耐 100℃沸水数小时。被炭疽芽孢杆菌芽孢污染的草原，传染性可保持 20~30 年。细菌芽孢抵抗力强与其特殊的结构和组成有关。芽孢含水量少（约占繁殖体的 40%），蛋白质不易受热变性；芽孢具有多层致密的厚膜，理化因素不易透入；芽孢的核心和皮质中含有吡啶二羧酸（dipicolinic acid, DPA），DPA 与钙结合生成的盐能提高芽孢中各种酶的热稳定性。芽孢形成过程中很快合成 DPA，同时也获得耐热性；芽孢发芽时，DPA 从芽孢内渗出，其耐热性也随之丧失。

细菌芽孢并不直接引起疾病，仅当发芽成为繁殖体后，才能迅速大量繁殖而致病。例如土壤中常有破伤风梭菌的芽孢，一旦外伤深部创口被泥土污染，进入伤口的芽孢在适宜条件下即可发芽成繁殖体，导致人体感染。

给被芽孢污染的用具、敷料、手术器械等消毒时，用一般方法不易将芽孢杀死，杀灭芽孢最可靠的方法是高压蒸汽灭菌。当进行消毒灭菌时，应以芽孢是否被杀死作为判断灭菌效果的指标。

二、真菌的形态与结构

真菌的形态多种多样，小到肉眼不可见的新型隐球菌、白假丝酵母，大到日常食用的木耳、蘑菇等。真菌有典型的核结构和细胞器，按形态、结构分为单细胞真菌和多细胞真菌两大类。

(一) 单细胞真菌

单细胞真菌呈圆形或椭圆形，如酵母型真菌和类酵母型真菌。

1. 酵母型真菌

酵母型真菌不产生菌丝，由母细胞以芽生方式繁殖，其菌落与细菌的菌落相似。

2. 类酵母型真菌

类酵母型真菌以芽生方式繁殖，其延长的芽体可伸进培养基内，称假菌丝（pseud-ohypha）。其菌落与酵母型真菌相似，但在培养基内可见由假菌丝连接形成的假菌丝体，称为类酵母型菌落。

(二) 多细胞真菌

多细胞真菌大多是由菌丝（hypha）和孢子（spore）两大基本结构组成的。

1. 菌丝

孢子生出嫩芽，称为芽管。芽管逐渐延长呈丝状，称为菌丝。菌丝是一管状组织，除接合菌亚门中的少数真菌和单细胞酵母菌、酵母样真菌外，其他真菌都有分枝或不分枝的菌丝。有的菌丝在一定的间距形成横隔，称为隔膜（septum）。隔膜把菌丝分成一连串的细胞。隔膜中央有孔，可使细胞质自一个细胞流入另一个细胞。菌丝分为有隔菌丝与无隔菌丝。绝大部分的病原性丝状真菌的菌丝为有隔菌丝。菌丝可长出许多分枝，交织成团，称菌丝体（mycelium）。伸入培养基内者称为营养菌丝（vege-tative mycelium）；露出培养基表面的菌丝称为气中（生）菌丝（aerial mycelium）。部分气中菌丝可产生具有不同形状、大小和颜色的孢子，称为生殖菌丝（reproductive myce-lium）。显微镜下可以看到菌丝有不同的形态，如螺旋状、球拍状、结节状、鹿角状、破梳状等，可作为识别真菌的依据。

2. 孢子

孢子是真菌的生殖结构，是由生殖菌丝产生的。大多数真菌是通过各种有性的孢子或无性的孢子繁殖的。孢子也是真菌鉴定和分类的主要依据。

（1）无性孢子

无性孢子是指不经过两性细胞的配合而产生的孢子。病原性真菌大多数产生无性孢子，大体可分为3种。

①叶状孢子（thallospore），是由菌丝细胞直接形成的生殖孢子，有3种类型。a. 芽生孢子（blastospore），是通过细胞发芽方式形成的圆形或卵圆形的孢子。许多真菌，如白假丝酵母、小球类酵母、圆酵母等皆可产生芽生孢子；芽生孢子长到一定大小即与母细胞脱离，不脱离而相互连接成链的被称为假菌丝。b. 关节孢子（arthrospore），是由菌丝细胞分化出现隔膜且断裂成长方形的几个节段而成，胞壁也稍增厚，多出现于陈旧培养物中。c. 厚膜孢子（chlamydospore），又称厚壁孢子，是由菌丝顶端或中间部分变圆、胞质浓缩、胞壁加厚而形成的孢子，是真菌的一种休眠细胞，在适宜的条件下可再发芽繁殖。

②分生孢子（conidium），是真菌常见的一种无性孢子。常以其形状、大小、结构、颜色以及着生情况作为分类、鉴定的依据。分生孢子生长在分生孢子梗（菌丝或其分支分化的一种特殊结构）的顶端或侧面，有大小之分。大分生孢子（macroconidium）体积较大，多细胞性。孢子有的呈纺锤形，称梭形孢子；也有的呈棍棒状。小分生孢子（microconidium）体积小，单细胞性，壁薄，有球形、卵形、梨形以及棍棒状等各种不同形状。

③孢子囊孢子（sporangiospore），由菌丝末端形成一种囊状结构，即孢子囊，内有许多孢子。孢子成熟后破囊散出，如毛霉。

（2）有性孢子

有性孢子是指细胞配合（质配和核配）后产生的孢子，有接合孢子、子囊孢子及担（子）孢子。有性孢子绝大多数为非致病性真菌所具有。

三、病毒的形态与结构

一个完整成熟的病毒颗粒称为病毒体（virion），是病毒在细胞外的典型结构形式，并有感染性。病毒体大小的测量单位为纳米，或称毫微米（nanometer，nm，1 nm为1/1 000 μm）。各种病毒体的大小悬殊，最大的约为300 nm，如痘病毒；最小的为20 nm，如微小病毒（微小RNA病毒和微小DNA病毒）。多数人和动物病毒呈球形或近似球形，少数为杆状、丝状、弹状和砖块状，噬菌体呈蝌蚪状。测量病毒体大小最可靠的方法是电子显微镜技术，也可用超速离心沉淀法、分级超过滤术和 X 线晶体衍射分析法等技术来研究病毒的大小、形态、结构和亚单位等。

(一) 病毒的结构

1. 核衣壳

病毒体的基本结构是由核心（core）和衣壳（capsid）构成的核衣壳（nucleocapsid）。有些病毒的核衣壳外还有包膜（envelope）。有包膜的病毒称为包膜病毒（enve-loped virus），无包膜的病毒称裸露病毒（naked virus）。

（1）核心

核心位于病毒体的中心，为核酸，构成病毒基因组，为病毒的复制、遗传和变异提供遗传信息。

（2）衣壳

包绕在核酸外面的蛋白质外壳，称为衣壳。衣壳具有抗原性，是病毒体的主要抗原成分，可保护病毒核酸免受环境中核酸酶或其他影响因素的破坏，并能介导病毒进入宿主细胞。衣壳由一定数量的壳粒（capsomere）组成，每个壳粒被称为形态亚单位（morphologic subunit），由一个或多个多肽分子组成。壳粒的排列方式呈对称性（symme-try），不同的病毒体的衣壳所含的壳粒数目和对称方式不同，可作为病毒鉴别和分类的依据之一。病毒可分为以下几种对称类型。

① 螺旋对称型（helical symmetry）：壳粒沿着螺旋形盘旋的病毒核酸链对称排列。如正黏病毒、副黏病毒及弹状病毒等。

② 二十面体对称型（icosahedral symmetry）：核酸浓集成球形或近似球形，外周的壳粒排列成二十面体对称型。二十面体的每个面都呈等边三角形，由许多壳粒镶嵌组成。大多数病毒体顶端的壳粒由 5 个同样的壳粒包围，称为五邻体（penton）；而在三角形面上的壳粒，周围都有 6 个同样的壳粒，称为六邻体（hexon）。大多数球状病毒呈此对称型。多数情况下病毒的衣壳是包绕核酸形成的，但也可见到先形成空衣壳，再装灌核酸的情况。

③ 复合对称型（complex symmetry）：病毒体结构较复杂，既有螺旋对称，又有二十面体对称形式，仅见于痘病毒和噬菌体等。经测定，用二十面体构成的外壳最为坚固，内部容积最大。螺旋对称型衣壳则相对不坚固，衣壳外需有包膜。

2. 包膜

包膜（envelope）是某些病毒在成熟的过程中穿过宿主细胞，以出芽方式向宿主细胞外释放时获得的，含有宿主细胞膜或核膜成分，包括脂质和少量的糖类。包膜表面常有不同形状的突起，称为包膜子粒（peplomeres）或刺突（spike），其化学成分为糖蛋白（glycoprotein），亦称刺突糖蛋白。流感病毒的刺突由天门冬酰胺连接碳水化合物形成的糖蛋白组成。

人和动物病毒多数具有包膜。某些有包膜病毒在核衣壳外层和包膜内层之间有基质蛋白，其主要功能是把内部的核衣壳蛋白与包膜联系起来，此区域称为被膜。不同种病毒的被膜厚度不一致，也可作为病毒鉴定的参考。因此，病毒的大小、形态和结构在病毒分类和病毒感染诊断中具有重要价值。

（二）病毒的化学组成与功能

1.病毒核酸

病毒核酸的化学成分为 DNA 或 RNA，借此将病毒分成 DNA 病毒和 RNA 病毒两大类。核酸具有多样性，可以为线形或环形，可为单链或双链。DNA 病毒大多为双链，微小 DNA 病毒（parvovirus）和环状病毒（circovirus）除外；RNA 病毒大多是单链，呼肠病毒（reovirus）和博尔纳病毒（birna virus）除外。单链 RNA 有正链与负链之分。双链 DNA 或 RNA 皆有正链与负链。有的病毒核酸分节段。病毒核酸大小差异悬殊，微小病毒（parvovirus）仅由 5 000 个核苷酸组成，而最大的痘类病毒则由约 4 000 000 个核苷酸组成。病毒核酸是主导病毒感染、增殖、遗传和变异的物质基础。其主要功能有以下几种。

①病毒复制：病毒的增殖是以基因组为模板，经过转录、翻译过程合成病毒的前体形式，如子代核酸、结构蛋白，然后再装配成子代病毒。

②决定病毒的特性：病毒核酸链上的基因密码记录着病毒的全部信息，由它复制的子代病毒保留亲代病毒的一切特性，故亦称为病毒的基因组（genome）。

③部分核酸具有感染性：除去衣壳的病毒核酸进入宿主细胞后能增殖，被称为感染性核酸。感染性核酸不受衣壳蛋白和宿主细胞表面受体的限制，易感细胞范围较广。但易被体液中核酸酶等因素破坏，因此感染性比完整的病毒体要低。

2.病毒蛋白质

蛋白质是病毒的主要组成部分，约占病毒体总重量的 70%，由病毒基因组编码，具有病毒的特异性。病毒蛋白可分为结构蛋白和非结构蛋白。结构蛋白指的是组成病毒体的蛋白成分，主要分布于衣壳、包膜和基质中，具有良好的抗原性。包膜蛋白多突出于病毒体外，即刺突糖蛋白。能与宿主细胞表面受体结合的蛋白称为病毒吸附蛋白（viral attachment proteins，VAP），VAP 与受体的相互作用决定了病毒感染的组织亲嗜性，如与红细胞结合的 VAP 称为血凝素（hemagglutinin，HA）。有些糖蛋白还是免疫保护作用的主要抗原。基质蛋白是连接衣壳蛋白和包膜蛋白的部分，多具有跨膜和锚定的功能。病毒结构蛋白有以下几种功能。

① 保护病毒核酸：衣壳蛋白包绕着核酸，避免了环境中的核酸酶和其他理化因素对核酸的破坏。

② 参与感染过程：VAP 能特异地吸附至易感细胞表面受体上，介导病毒核酸进入宿主细胞，引起感染。

③ 具有抗原性：衣壳蛋白是一种良好的抗原，病毒进入机体后，能引起特异性体液免疫和细胞免疫。病毒的非结构蛋白是指由病毒基因组编码，但不参与病毒体构成的病毒蛋白多肽。它不一定存在于病毒体内，也可存在于感染细胞中。它包括病毒编码的酶类和具有特殊功能的蛋白，如蛋白水解酶、DNA 聚合酶、逆转录酶、胸腺嘧啶核苷激酶和抑制宿主细胞生物合成的蛋白等，已广泛用作抗病毒药物作用靶点而备受重视。

3. 脂类和糖

病毒体的脂质主要存在于包膜中，有些病毒含少量糖类，以糖蛋白形式存在，也是包膜的表面成分之一。包膜的主要功能是维护病毒体结构的完整性。包膜中所含的磷脂、胆固醇及中性脂肪等能加固病毒体的结构。来自宿主细胞膜的病毒体包膜的脂类与细胞脂类成分同源，彼此易于亲和、融合，因此包膜也起到辅助病毒感染的作用。另外，包膜具有病毒种、型特异性，是病毒鉴定、分型的依据之一。包膜构成病毒体的表面抗原，与致病性和免疫性有密切关系。包膜对干、热、酸和脂溶剂敏感，乙醚能破坏病毒包膜，使其灭活而失去感染性，常用来鉴定病毒有无包膜。

第三节 微生物的生理学：营养与代谢

一、细菌的生理学

细菌的生理活动包括摄取和合成营养物质，进行新陈代谢及生长繁殖。整个生理活动的中心是新陈代谢，细菌的代谢活动十分活跃且多样化，繁殖迅速是其显著的特点。研究细菌的生理活动不仅是基础生物学科的范畴，而且与医学、环境卫生、工农业生产等都密切相关。诸如对于人体的正常菌群，特别是益生菌（probiotic），如何促进其生长繁殖和产生有益的代谢产物；对于致病菌，了解其代谢与致病的关系，设计和寻找有关诊断和防治的方法；利用细菌的代谢来净化环境，开发极端环境的微生物资源等都具有重要的理论和实际意义。

(一) 细菌的化学组成

细菌和其他生物细胞相似, 含有多种化学成分, 包括水、无机盐、蛋白质、糖类、脂质和核酸等。水是菌细胞重要的组成部分, 占细胞总重量的 75% ~ 90%。菌细胞去除水后, 主要为有机物, 包括碳、氢、氮、氧、磷和硫等; 还有少量的无机离子, 如钾、钠、铁、镁、钙、氯等, 用以构成菌细胞的各种成分以及维持酶的活性和跨膜化学梯度。细菌还含有一些原核细胞型微生物所特有的化学组成, 如肽聚糖、胞壁酸、磷壁酸、D 型氨基酸、二氨基庚二酸、吡啶二羧酸等。这些物质在真核细胞中还未发现。

(二) 细菌的物理性状

1. 光学性质

细菌为半透明体。光线照射至细菌, 部分被吸收, 部分被折射, 故细菌悬液呈混浊状态, 菌数越多浊度越大, 使用比浊法或分光光度计可以粗略地估计细菌的数量。由于细菌具有这种光学性质, 可用相差显微镜观察其形态和结构。

2. 表面积

细菌体积微小, 相对表面积大, 有利于同外界进行物质交换。如葡萄球菌直径约 1μm, 则 $1 cm^3$ 体积的表面积可达 $60\ 000\ cm^2$; 直径为 1 cm 的生物体, 每 $1cm^3$ 体积的表面积仅 $6\ cm^2$, 两者相差 1 万倍。因此, 细菌的代谢旺盛, 繁殖迅速。

3. 带电现象

细菌固体成分的 50% ~ 80% 是蛋白质, 蛋白质由兼性离子氨基酸组成。G^+ 菌的 pH 为 2 ~ 3, 而 G^- 菌的 pH 为 4 ~ 5, 故在近中性或弱碱性环境中, 细菌均带负电荷, 前者所带电荷更多。细菌的带电现象与细菌的染色反应、凝集反应、抑菌和杀菌作用等都有密切关系。

4. 半透性

细菌的细胞壁和细胞膜都有半透性, 允许水及部分小分子物质通过, 有利于吸收营养和排出代谢产物。

5. 渗透压

细菌体内含有高浓度的营养物质和无机盐, 一般 G^+ 菌的渗透压高达 2 026.5 ~ 2533.1 kPa (20 ~ 25 个大气压), G^- 菌的渗透压为 506.6 ~ 608.0 kPa (5 ~ 6 个大气压)。细菌所处环境一般相对低渗, 但有坚韧细胞壁的保护不致崩裂; 若处于比菌内渗透压更高的环境中, 菌体内水分逸出, 胞质浓缩, 细菌就不能生长繁殖。

(三) 细菌的营养与生长繁殖

1. 细菌的营养类型

各类细菌的酶系统不同,代谢活性各异,因而对营养物质的需要也不同。根据细菌所利用的能源和碳源的不同,将细菌分为自养菌和异养菌两大营养类型。

(1) 自养菌 (autotroph)

该类菌以简单的无机物为原料,如利用 CO_2 作为碳源,利用 N_2、NH_3、NO_2、NO_3 等作为氮源,合成菌体成分。这类细菌所需能量来自无机物的氧化,称为化能自养菌 (chemotroph);或通过光合作用获得能量,称为光能自养菌 (phototroph)。

(2) 异养菌 (heterotroph)

该类菌必须以多种有机物为原料,如蛋白质、糖类等,才能合成菌体成分并获得能量。异养菌包括腐生菌 (saprophyte) 和寄生菌 (parasite)。腐生菌以动植物尸体、腐败食物等作为营养物;寄生菌寄生于活体内,从宿主的有机物中获得营养。所有的病原菌都是异养菌,大部分属于寄生菌。

2. 细菌的营养物质

对细菌进行人工培养时,必须供给其生长所必需的各种成分,一般包括水、碳源、氮源、无机盐和生长因子等。

(1) 水

细菌所需营养物质必须先溶于水,营养的吸收与代谢均需有水才能进行。

(2) 碳源

各种碳的无机物或有机物都能被细菌吸收和利用,合成菌体组分和作为获得能量的主要来源。病原菌主要从糖类获得碳。

(3) 氮源

细菌对氮源的需要量仅次于碳源,其主要功能是作为菌体成分的原料。很多细菌可以利用有机氮化物,病原性微生物主要从氨基酸、蛋白胨等有机氮化物中获得氮。少数病原菌如克雷伯菌亦可利用硝酸盐甚至氮气,但利用率较低。

(4) 无机盐

细菌需要各种无机盐提供生长的各种元素,其需要浓度在 $10^{-4} \sim 10^{-3}$ mol/L 的元素为常量元素,如磷、硫、钾、钠、镁、钙、铁等;需要浓度在 $10^{-8} \sim 10^{-6}$ mol/L 的元素为微量元素,如钴、锌、锰、铜、钼等。各类无机盐的功用如下:① 构成有机化合物,成为菌体的成分;② 作为酶的组成部分,维持酶的活性;③ 参与能量的储存和转运;④ 调节菌体内外的渗透压;⑤ 某些元素与细菌的生长繁殖和致病作用密切相关。例如白喉棒状杆菌在含铁 0.14 mg/L 的培养基中毒素含量最高,铁的浓度达到 0.6 mg/L 时则完全不产毒素。在人体内，大部分铁均结合在铁蛋白、乳铁蛋白或转铁蛋白中，细菌必须与人体细胞竞争得到铁才能生长繁殖。具有载铁体（siderophore）的细菌就有此竞争力，它可与铁螯合和溶解铁，并将铁带入菌体内以供代谢之需。如结核分枝杆菌的有毒株和无毒株的一个重要区别就是前者有一种称为分枝菌素（mycobactin）的载铁体，而后者没有。一些微量元素并非所有细菌都需要，不同菌只需其中的一种或数种。

（5）生长因子

某些细菌生长所必需但自身又不能合成，必须由外界供给的物质称为生长因子（growth factor）。它们通常为有机化合物，如维生素、某些氨基酸、嘌呤、嘧啶等。少数细菌还需要特殊的生长因子，如流感嗜血杆菌需要 X、V 两种因子，X 因子是高铁血红素，V 因子是辅酶 I 或辅酶 II，两者为细菌呼吸所必需。

3. 细菌摄取营养物质的机制

水和水溶性物质可以通过具有半透膜性质的细胞壁和细胞膜进入细胞内，蛋白质、多糖等大分子营养物需经细菌分泌的胞外酶的作用分解成小分子物质才能被吸收。营养物质进入菌体内的方式有被动扩散和主动转运。

（1）被动扩散

被动扩散指营养物质从浓度高的一侧向浓度低的一侧扩散，其驱动力是浓度梯度，不需要提供能量。不需要任何细菌组分的帮助，营养物就可以进入细胞质内的过程，称为简单扩散；需要菌细胞的特异性蛋白来帮助或促进营养物的跨膜转运，称为易化扩散。如甘油的转运就属于后者，进入细胞内的甘油要被甘油激酶催化形成磷酸甘油才能在菌体内积累。

（2）主动转运系统

主动转运系统是细菌吸收营养物质的主要方式，其特点是营养物质从浓度低的一侧向浓度高的一侧转运，并需要提供能量。细菌有如下三种主动转运系统。

① 依赖于周浆间隙结合蛋白的转运系统（periplasmic-binding protein-dependent transport system）：营养物与周浆间隙内的受体蛋白结合后，引起后者构型的改变，继而将营养物转送给细胞膜上的 ATP 结合型载体（ATP-binding cassette-type carrier），导致 ATP 水解提供能量，同时营养物通过细胞膜进入胞质内。G^+ 菌以膜结合脂蛋白作为该系统的受体蛋白。

② 化学渗透驱使转运系统（chemiosmotic-driven transport system）：该系统利用膜内外两侧质子或离子浓度差产生的质子动力（proton motive force）或钠动力（sodiummotive force）作为驱使营养物越膜转移的能量。转运营养物的载体是电化学离子梯度透性酶，这种酶是一种能够进行可逆性氧化还原反应的疏水性膜蛋白，即在氧化状态时与营养物结合，而在还原状态时其构象发生变化，使营养物释放进入

胞质内。

③ 基团转移（group translation）：营养物在转运的过程中被磷酸化，并将营养物的转运与代谢相结合，更为有效地利用能量。如大肠埃希菌摄入葡萄糖需要的磷酸转移酶系统，细胞膜上的载体蛋白首先在胞质内从磷酸烯醇丙酮酸获得磷酸基团，然后在细胞膜的外表面与葡萄糖相结合，将其送入胞质内后释放出 6- 磷酸葡萄糖。经过磷酸化的葡萄糖在胞内累积，不能再逸出菌体。该系统的能量供体是磷酸烯醇丙酮酸。

需要指出的是各种细菌转运营养物质的方式不同，即使对同一种物质，不同细菌的摄取方式也不一样。

4. 影响细菌生长的环境因素

营养物质和适宜的环境是细菌生长繁殖的必备条件。

（1）营养物质

充足的营养物质可以为细菌的新陈代谢及生长繁殖提供必要的原料和充足的能量。

（2）氢离子浓度（pH）

每种细菌都有一个可生长的 pH 范围，以及最适生长 pH。大多数嗜中性细菌生长的 pH 范围是 6.0 ~ 8.0，嗜酸性细菌最适生长 pH 可低至 3.0，嗜碱性细菌最适生长 pH 可高达 10.5。多数病原菌最适 pH 为 7.2 ~ 7.6，在宿主体内极易生存；个别细菌如霍乱弧菌在 pH 8.4 ~ 9.2 时生长最好；结核分枝杆菌生长的最适 pH 为 6.5 ~ 6.8。细菌依靠细胞膜上的质子转运系统调节菌体内的 pH，使其保持稳定，包括 ATP 驱使的质子泵，Na^+/H^+ 和 K^+/H^+ 交换系统。

（3）温度

各类细菌对温度的要求不一。借此分为嗜冷菌（psychrophile），其生长温度范围为 -5 ~ 30℃，最适生长温度为 10 ~ 20℃；嗜温菌（mesophile），生长温度范围为 10 ~ 45℃，最适生长温度为 20 ~ 40℃；嗜热菌（thermophile），生长温度范围为 25 ~ 95℃，最适生长温度为 50 ~ 60℃。病原菌在长期进化过程中适应人体环境，均为嗜温菌，最适生长温度为人的体温，即 37℃。当细菌突然暴露于高出适宜生长温度的环境时，可暂时合成热休克蛋白（heat-shock protein）。这种蛋白对热有抵抗性，并可稳定菌体内热敏感的蛋白质。

（4）气体

根据细菌代谢时对分子氧的需要与否，可以分为 4 类。

① 专性需氧菌（obligate aerobe）。具有完善的呼吸酶系统，需要分子氧作为受氢体以完成需氧呼吸，仅能在有氧环境下生长。如结核分枝杆菌、铜绿假单胞菌。

②微需氧菌（microaerophilic bacterium）。在低氧压（5%～6%）时生长最好，氧浓度 >10% 对其有抑制作用。如空肠弯曲菌、幽门螺杆菌。

③兼性厌氧菌（facultative anaerobe）。兼有需氧呼吸和无氧发酵两种功能，不论在有氧还是无氧环境中都能生长，但有氧时生长较好。大多数病原菌属于此类。

④专性厌氧菌（obligate anaerobe）。缺乏完善的呼吸酶系统，利用氧以外的其他物质作为受氢体，只能在低氧压或无氧环境中进行发酵。有游离氧存在时，不但不能利用分子氧，还将受其毒害，甚至死亡。这是因为细菌在有氧环境中进行物质代谢常产生超氧阴离子和过氧化氢（H_2O_2），两者都有强烈的杀菌作用。厌氧菌因缺乏过氧化氢酶、过氧化物酶、超氧化物歧化酶或氧化还原电势高的呼吸酶类，故在有氧时受到有毒氧基团的影响，就不能生长繁殖。如破伤风梭菌、脆弱类杆菌。但不同种属的细菌，其厌氧程度还是有所差别的。

另外，CO_2 对细菌的生长也很重要。大部分细菌在新陈代谢过程中产生的 CO_2 可满足需要。有些细菌如脑膜炎奈瑟菌和布鲁菌，在从标本初次分离时，需人工供给 5%～10% 的 CO_2，可促进细菌迅速生长繁殖。

（5）渗透压

一般培养基的盐浓度和渗透压对大多数细菌是安全的，少数细菌如嗜盐菌（halophilic bacterium）需要在高浓度（30 g/L）的 NaCl 环境中才能生长良好。

5. 细菌的生长繁殖

细菌的生长繁殖表现为细菌的组分和数量的增加。

（1）细菌个体的生长繁殖

细菌一般以简单的二分裂方式进行无性繁殖。在适宜条件下，多数细菌繁殖速率很快。细菌分裂数量倍增所需要的时间称为代时（generationtime），多数细菌的代时为 20～30 min。个别细菌繁殖速率较慢，如结核分枝杆菌的代时达 18～20 h。

细菌分裂时菌细胞首先增大，染色体复制。G+ 菌的染色体与中介体相连，当染色体复制时，中介体一分为二，各向两端移动，分别将复制好的一条染色体拉向细胞的一侧。接着染色体中部的细胞膜向内陷入，形成横隔。同时，细胞壁亦向内生长，最后肽聚糖水解酶使细胞壁的肽聚糖的共价键断裂，分裂成为两个菌细胞。G− 菌无中介体，染色体直接连接在细胞膜上。复制产生的新染色体则附着在邻近的一点上，在两点间形成的新细胞膜将各自的染色体分隔在两侧。最后细胞壁沿横隔内陷，整个细胞分裂成两个子代细胞。

（2）细菌群体的生长繁殖

细菌生长速度很快，一般细菌约 20 min 分裂一次。若按此速度计算，一个细胞经 7 h 可繁殖到约 200 万个，10 h 后可达 10 亿个以上，随着时间的延长，细菌群体将会庞大到难以想象的程度。但事实并非如此，由于细菌繁殖中营养物质逐渐耗竭，有害代谢产物逐渐积累，细菌不可能始终保持高速度的无限繁殖。经过一段时间后，细菌繁殖速度渐减，死亡菌数增多，活菌增长率随之下降并趋于停滞。

将一定数量的细菌接种于适宜的液体培养基中，连续定时取样检查活菌数，可发现其生长过程的规律性。以培养时间为横坐标，培养物中活菌数的对数为纵坐标，可绘制出一条生长曲线（growth curve）。

根据生长曲线，细菌的群体生长繁殖可分为四个时期。

① 迟缓期（lag phase）。细菌进入新环境后的短暂适应阶段。该期菌体增大，代谢活跃，为细菌的分裂繁殖合成并积累充足的酶、辅酶和中间代谢产物，但分裂迟缓，繁殖极少。迟缓期长短不一，因菌种、接种菌的菌龄和菌量，以及营养物等不同而异，一般为 1~4 h。

② 对数期（logarithmic phase），又称指数期（exponential phase）。细菌在该期生长迅速，活菌数以恒定的几何级数增长，生长曲线图上细菌数的对数呈直线上升，达到顶峰状态。此期细菌的形态、染色性、生理活性等都较典型，对外界环境因素的作用敏感。因此，研究细菌的生物学性状（形态染色、生化反应、药物敏感试验等）应选用该期的细菌。一般细菌的对数期在培养后的 8~18 h。

③ 稳定期（stationary phase）。由于培养基中营养物质消耗，有害代谢产物积聚，该期细菌繁殖速度逐渐减慢，死亡数逐渐增加，细菌形态、染色性和生理性状常有改变。一些细菌的芽孢、外毒素和抗生素等代谢产物大多在稳定期产生。

④ 衰亡期（decline phase）。稳定期后细菌繁殖越来越慢，死亡数越来越多，并超过活菌数。该期细菌形态显著改变，出现衰退型或菌体自溶，难以辨认；生理代谢活动也趋于停滞。因此，陈旧培养的细菌难以鉴定。

细菌生长曲线只有在体外人工培养的条件下才能观察到。在自然界或人类、动物体内繁殖时，受多种环境因素和机体免疫因素的多方面影响，不可能出现培养基中的那种典型的生长曲线。

细菌的生长曲线在研究工作和生产实践中都有指导意义。掌握细菌生长规律，可以人为地改变培养条件，调整细菌的生长繁殖阶段，更为有效地利用对人类有益的细菌。例如在培养过程中，不断地更新培养液和对需氧菌进行通气，使细菌长时间地处于生长旺盛的对数期，这种培养称为连续培养。

（四）细菌的新陈代谢和能量转换

细菌的新陈代谢是指菌细胞内分解代谢与合成代谢的总和，其显著特点是代谢旺盛和代谢类型具有多样性。

细菌的代谢过程从胞外酶水解外环境中的大分子营养物质开始，产生亚单位分子（单糖、短肽、脂肪酸），经主动或被动转运机制进入胞质内。这些亚单位分子在一系列酶的催化作用下，经过一种或多种途径转变为共同的中间产物丙酮酸，再从丙酮酸进一步分解产生能量或合成新的碳水化合物、氨基酸、脂类和核酸。在上述过程中，底物分解和转化为能量的过程称为分解代谢；所产生的能量用于细胞组分的合成称为合成代谢；将两者紧密结合在一起称为中间代谢。伴随代谢过程，细菌还将产生许多在医学上有重要意义的代谢产物。

1. 细菌的能量代谢

细菌能量代谢活动中主要涉及 ATP 形式的化学能。细菌在有机物分解或无机物氧化过程中释放的能量通过底物磷酸化或氧化磷酸化合成 ATP。

生物体能量代谢的基本生化反应是生物氧化。生物氧化的方式包括加氧、脱氢和脱电子反应，细菌则以脱氢或氢的传递更为常见。在有氧或无氧环境中，各种细菌的生物氧化过程、代谢产物和产生能量的多少均有所不同。以有机物为受氢体的称为发酵；以无机物为受氢体的称为呼吸，其中以分子氧为受氢体的是需氧呼吸，以其他无机物（硝酸盐、硫酸盐等）为受氢体的是厌氧呼吸。需氧呼吸在有氧条件下进行，厌氧呼吸和发酵必须在无氧条件下进行。大多数病原性细菌只进行需氧呼吸和发酵。

病原菌合成细胞组分和获得能量的基质（生物氧化的底物）主要为糖类，通过糖的氧化或酵解释放能量，并以高能磷酸键的形式（ADP、ATP）储存能量。现以葡萄糖为例，简述细菌的能量代谢。

① EMP（Embden-Meyerhof-Parnas）途径，又称糖酵解。这是大多数细菌共有的基本代谢途径，有些专性厌氧菌产能的唯一途径。反应最终的受氢体为未彻底氧化的中间代谢产物，产生的能量远比需氧呼吸少。1 分子葡萄糖可生成 2 分子丙酮酸，产生 2 分子 ATP 和 2 分子 $NADH^+H^+$。丙酮酸之后的代谢随细菌的种类不同而异。

② 磷酸戊糖途径，又称一磷酸己糖（hexose monophosphate, HMP）途径，是 EMP 途径的分支，由己糖生成戊糖的循环途径。其主要功能是为生物合成提供前体和还原能，反应获得的 12 分子 $NADPH^+H^+$ 可供进一步利用，产能效果仅为 EMP 途径的一半，所以不是产能的主要途径。

③ 需氧呼吸。1 分子葡萄糖在有氧条件下彻底氧化，生成 CO_2、H_2O，并产生 38 分子 ATP。需氧呼吸中，葡萄糖经过 EMP 途径生成丙酮酸，后者脱羧产生乙酰辅酶 A 后进入三羧酸循环彻底氧化，之后脱出的氢进入电子传递链进行氧化磷酸化，最终以分子氧作为受氢体。需氧菌和兼性厌氧菌进行需氧呼吸。

④ 厌氧呼吸。1 分子葡萄糖经厌氧糖酵解只能产生 2 分子 ATP，最终以外源的

无机氧化物（CO、SO⁻、NOF）作为受氢体的一类产能效率低的特殊呼吸方式。专性厌氧菌和兼性厌氧菌都能进行厌氧呼吸。

2. 细菌的代谢产物

（1）分解代谢产物和细菌的生化反应

各种细菌所具有的酶不完全相同，对营养物质的分解能力亦不一致，因而其代谢产物有别。根据此特点，利用生物化学方法来鉴别不同细菌的试验称为细菌的生化反应试验。常见的生化反应试验有以下几种。

① 糖发酵试验。不同细菌分解糖类的能力和代谢产物不同。例如大肠埃希菌能发酵葡萄糖和乳糖；而伤寒沙门菌可发酵葡萄糖，但不能发酵乳糖。即使两种细菌均可发酵同一糖类，其结果也不尽相同，如大肠埃希菌有甲酸脱氢酶，能将葡萄糖发酵生成的甲酸进一步分解为 CO_2 和 H_2，故产酸并产气；而伤寒沙门菌缺乏该酶，发酵葡萄糖仅产酸不产气。

② VP（Voges-Proskauer）试验。大肠埃希菌和产气杆菌均能发酵葡萄糖，产酸产气。但产气杆菌能使丙酮酸脱羧生成中性的乙酰甲基甲醇，后者在碱性溶液中被氧化生成二乙酰，二乙酰与含胍基化合物反应生成红色化合物，VP 试验阳性。大肠埃希菌不能生成乙酰甲基甲醇，故 VP 试验阴性。

③ 甲基红（methyl red）试验。产气杆菌分解葡萄糖产生丙酮酸，后者经脱羧后生成中性的乙酰甲基甲醇，故培养液 pH > 5.4，甲基红指示剂呈橘黄色，则甲基红试验阴性。大肠埃希菌分解葡萄糖产生丙酮酸，培养液 pH ≤ 4.5，甲基红指示剂呈红色，则甲基红试验阳性。

④ 枸橼酸盐利用（citrate utilization）试验。当某些细菌（如产气杆菌）利用铵盐作为唯一氮源并利用枸橼酸盐作为唯一碳源时，可在枸橼酸盐培养基上生长，分解枸橼酸盐生成碳酸盐，并分解铵盐生成氨，使培养基变为碱性，则该试验结果为阳性。大肠埃希菌不能利用枸橼酸盐作为唯一碳源，故在该培养基上不能生长，则枸橼酸盐试验结果为阴性。

⑤ 吲哚（indole）试验。有些细菌（如大肠埃希菌、变形杆菌、霍乱弧菌等）能分解培养基中的色氨酸生成吲哚（靛基质），经与试剂中的对二甲基氨基苯甲醛作用，生成玫瑰吲哚而呈红色，则吲哚试验结果为阳性。

⑥ 硫化氢试验。有些细菌（如沙门菌、变形杆菌等）能分解培养基中的含硫氨基酸（如胱氨酸、甲硫氨酸）生成硫化氢，硫化氢遇铅或铁离子生成黑色的硫化物。

⑦ 尿素酶试验。变形杆菌有尿素酶，能分解培养基中的尿素产生氨，使培养基变为碱性，以酚红为指示剂检测为红色，则尿素酶试验结果为阳性。

细菌的生化反应用于鉴别细菌，尤其对形态、革兰氏染色反应和培养特性相同或相似的细菌更为重要。吲哚（D）、甲基红（MD）、VP（V）、枸橼酸盐利用（C）4 种试验常用于鉴定肠道杆菌，合称为 IMViC 试验。例如大肠埃希菌对这 4 种试验的结果是"++－－"，产气杆菌则为"－－++"。

现代临床细菌学已普遍采用微量、快速的生化鉴定方法。根据鉴定的细菌不同，选择系列生化指标，依反应的阳性或阴性选取数值，组成鉴定码，形成以细菌生化反应为基础的各种数值编码鉴定系统。更为先进的全自动细菌鉴定仪可实现细菌生化鉴定的自动化。此外，应用气相、液相色谱法鉴定细菌分解代谢产物中挥发性或非挥发性有机酸和醇类，能够快速确定细菌的种类。

（2）合成代谢产物及其医学上的意义

细菌利用分解代谢中的产物和能量不断合成菌体自身成分，如细胞壁、多糖、蛋白质、脂肪酸、核酸等，同时还合成一些在医学上具有重要意义的代谢产物。

① 热原质（pyrogen），或称致热原，是细菌合成的一种注入人体或动物体内能引起发热反应的物质。产生热原质的细菌大多是 G^- 菌，热原质是其细胞壁的脂多糖。

热原质耐高温，高压蒸汽灭菌（121℃、20 min）亦不能将其破坏，250℃高温干烤才能破坏热原质。用吸附剂和特殊石棉滤板可除去液体中大部分热原质，蒸馏法效果最好。因此，在制备和使用注射药品时应严格遵守无菌操作，防止细菌污染。

② 毒素与侵袭性酶。细菌产生外毒素和内毒素两类毒素，在细菌致病作用中甚为重要。外毒素（exotoxin）是多数 G^+ 菌和少数 G^- 菌在生长繁殖过程中释放到菌体外的蛋白质；内毒素（endotoxin）是 G^- 菌细胞壁的脂多糖，当菌体死亡崩解后游离出来。外毒素毒性强于内毒素。

某些细菌可产生具有侵袭性的酶，能损伤机体组织，促使细菌的侵袭和扩散，是重要的致病物质。如产气荚膜梭菌的卵磷脂酶，链球菌的透明质酸酶等。

③ 色素。某些细菌能产生不同颜色的色素，有助于鉴别细菌。细菌的色素有两类，一类为水溶性色素，能弥散到培养基或周围组织，如铜绿假单胞菌产生的色素使培养基或感染的脓汁呈绿色。另一类为脂溶性色素，不溶于水，只存在于菌体中，使菌落显色而培养基颜色不变，如金黄色葡萄球菌的色素。细菌色素产生需要一定的条件，如营养丰富、氧气充足、温度适宜。细菌色素不能进行光合作用，其功能尚不清楚。

④ 抗生素。某些微生物代谢过程中产生的一类能抑制或杀死某些其他微生物或肿瘤细胞的物质，称为抗生素（antibiotic）。抗生素大多由放线菌和真菌产生，细菌产生得少，只有多黏菌素（polymyxin）、杆菌肽（bacitracin）等。

⑤ 细菌素。某些菌株产生的一类具有抗菌作用的蛋白质称为细菌素。细菌素与

抗生素的不同之处是作用范围狭窄，仅对与产生菌有亲缘关系的细菌有杀伤作用。例如大肠埃希菌产生的细菌素称大肠菌素（colicin），其编码基因位于 Col 质粒（大肠菌素质检）上。细菌素在治疗上的应用价值已不被重视，但可用于细菌分型和流行病学调查。

⑥ 维生素。细菌能合成某些维生素，除供自身需要外，还能分泌至周围环境中。例如人体肠道内的大肠埃希菌，合成的 B 族维生素和维生素 K 也可被人体吸收利用。

（五）细菌的人工培养

了解细菌的生理需要，掌握细菌生长繁殖的规律，可用人工方法提供细菌所需要的条件来培养细菌，以满足不同的需求。

1. 培养细菌的方法

人工培养细菌，除需要提供充足的营养物质使细菌获得生长繁殖所需要的原料和能量外，还要有适宜的环境条件，如酸碱度、渗透压、温度和必要的气体等。

根据不同标本及不同培养目的，可选用不同的接种和培养方法。常用的有细菌的分离培养和纯培养两种方法。已接种标本或细菌的培养基置于合适的气体环境中，需氧菌和兼性厌氧菌置于空气中即可，专性厌氧菌须在无游离氧的环境中培养。多数细菌在代谢过程中需要 CO_2，但分解糖类时产生的 CO_2 已足够其所需，且空气中还有微量 CO_2，不必额外补充。只有少数菌如布鲁菌、脑膜炎奈瑟菌、淋病奈瑟菌等，初次分离培养时需人工供给 5% ~ 10% 的 CO_2。

病原菌的人工培养温度一般为 35 ~ 37℃，培养时间多数为 18 ~ 24 h，但有时需根据菌种及培养目的做最佳选择，如细菌的药物敏感试验则应选用对数期的培养物。

2. 培养基

培养基（culture medium）是由人工方法配制而成的，专供微生物生长繁殖使用的混合营养物制品。培养基 pH 一般为 7.2 ~ 7.6，少数细菌按生长要求调整 pH 偏酸或偏碱。许多细菌在代谢过程中分解糖类产酸，故常在培养基中加入缓冲剂，以保持稳定的 pH。培养基制成后必须经灭菌处理。

培养基按其营养组成和用途不同，分为以下几类。

（1）基础培养基

基础培养基（basal medium）含有多数细菌生长繁殖所需的基本营养成分。它是配制特殊培养基的基础，也可作为一般培养基使用。如营养肉汤（nutrient broth）、营养琼脂（nutrient agar）、蛋白胨水等。

（2）增菌培养基

若了解某种细菌的特殊营养要求，可配制出适合这种细菌而不适合其他细菌生长的增菌培养基（enrichment medium）。在这种培养基上生长的是营养要求相同的细菌群。它包括通用增菌培养基和专用增菌培养基，前者为基础培养基中添加合适的生长因子或微量元素等，以促使某些特殊细菌生长繁殖，例如链球菌、肺炎链球菌需在含血液或血清的培养基中生长；后者又称为选择性增菌培养基，即除固有的营养成分外，再添加特殊抑制剂，有利于目的菌的生长繁殖，如碱性蛋白胨水用于霍乱弧菌的增菌培养。

（3）选择培养基

在培养基中加入某种化学物质，使之抑制某些细菌生长，而有利于另一些细菌生长，从而将后者从混杂的标本中分离出来，这种培养基称为选择培养基（selective medium）。例如培养肠道致病菌的 SS 琼脂，其中的胆盐能抑制 G^+ 菌，枸橼酸钠和煌绿能抑制大肠埃希菌，因而使致病的沙门菌和志贺菌容易分离。若在培养基中加入抗生素，也可起到选择作用。实际上有些选择培养基、增菌培养基之间的界限并不十分严格。

（4）鉴别培养基

用于培养和区分不同细菌种类的培养基，称为鉴别培养基（differential medium）。利用各种细菌分解糖类和蛋白质的能力及其代谢产物不同，在培养基中加入特定的作用底物和指示剂，一般不加抑菌剂，观察细菌在其中生长后对底物的作用如何，从而鉴别细菌。如常用的糖发酵管、三糖铁培养基、伊红 - 亚甲蓝琼脂等。也有一些培养基将选择和鉴别功能结合在一起，在选择的同时，起一定的鉴别作用，如 SS 琼脂，其中所加的底物乳糖和指示剂中性红就起到鉴别作用。

（5）厌氧培养基

专供厌氧菌的分离、培养和鉴别的培养基，称为厌氧培养基（an-aerobic medium）。这种培养基营养成分丰富，含有特殊生长因子，氧化还原电势低，并加入亚甲蓝作为氧化还原指示剂。其中心、脑浸液和肝块、肉渣含有不饱和脂肪酸，能吸收培养基中的氧；硫乙醇酸盐和半胱氨酸是较强的还原剂；维生素 K_1、氯化血红素可以促进某些类杆菌的生长。常用的有庖肉培养基（cooked meat medium）、硫乙醇酸盐肉汤等，并在液体培养基表面加入凡士林或液状石蜡以隔绝空气。

此外，还可根据对培养基成分了解的程度将其分为两大类：化学成分确定的培养基（defined medium），又称为合成培养基（synthetic medium）；化学成分不确定的培养基（undefined medium），又称天然培养基（complex medium）。也可根据培养基的物理状态分为液体、固体和半固体培养基三大类。在液体培养基中加入 15 g/L 的琼脂粉，即凝固成固体培养基；琼脂粉含量在 3 ~ 5 g/L 时，则为半固体培养基。琼脂在培养基中起赋形剂作用，不具营养意义。液体培养基可用于大量繁殖细菌，但必须加入纯种细菌；固体培养基常用于细菌的分离和纯化；半固体培养基则用于观察细菌的动力和短期保存细菌。

3. 细菌在培养基中的生长情况

(1) 在液体培养基中的生长情况

大多数细菌在液体培养基中生长繁殖后呈现均匀混浊状态；少数链状的细菌则呈沉淀生长；枯草芽孢杆菌、结核分枝杆菌等专性需氧菌呈表面生长，常形成菌膜。

(2) 在固体培养基中的生长情况

将标本或培养物划线接种在固体培养基的表面，因划线的分散作用，使许多原本混杂的细菌在固体培养基表面散开，称为分离培养。一般经过 18 ~ 24 h 培养后，单个细菌分裂繁殖成一堆肉眼可见的细菌集团，称为菌落（colony）。挑取一个菌落，移种到另一培养基中，生长出来的细菌均为纯种，称为纯培养（pure culture）。这是从临床标本中检查鉴定细菌很重要的一步。各种细菌在固体培养基上形成的菌落，其大小、形状、颜色、气味、透明度、表面光滑或粗糙、湿润或干燥、边缘整齐与否，以及在血琼脂平板上的溶血情况等均有不同表现，这些有助于识别和鉴定细菌。此外，取一定量的液体标本或培养液均匀接种于琼脂平板上，可计数菌落，推算标本中的活菌数。这种菌落计数法常用于检测自来水、饮料、污水和临床标本的活菌含量。

细菌的菌落一般分为三型。

① 光滑型菌落（smooth colony，S 型菌落）。新分离的细菌大多为光滑型菌落，表面光滑、湿润、边缘整齐。

② 粗糙型菌落（rough colony，R 型菌落）。菌落表面粗糙、干燥、呈皱纹或颗粒状，边缘大多不整齐。R 型细菌多由 S 型细菌变异失去菌体表面多糖或蛋白质形成。R 型细菌抗原不完整，毒力和抗吞噬能力都比 S 型细菌弱。但也有少数细菌新分离的毒力株就是 R 型，如炭疽芽孢杆菌、结核分枝杆菌等。

③ 黏液型菌落（mucoid colony，M 型菌落）。黏稠，有光泽，似水珠样。多见于有厚荚膜或丰富黏液层的细菌，如肺炎克雷伯菌等。

(3) 在半固体培养基中的生长情况

半固体培养基黏度低，有鞭毛的细菌在其中仍可自由游动，沿穿刺线呈羽毛状或云雾状混浊生长。无鞭毛的细菌只能沿穿刺线呈明显的线状生长。

4. 人工培养细菌的用途

(1) 在医学中的应用

细菌培养对疾病的诊断、预防、治疗和科学研究都有重要的作用。

①感染性疾病的病原学诊断：明确感染性疾病的病原菌必须取病人有关标本进行细菌分离培养、鉴定和药物敏感试验，其结果可指导临床用药。

②细菌学的研究：有关细菌生理、遗传变异、致病性和耐药性等研究都离不开细菌的培养和菌种的保存等。

③生物制品的制备：供防治用的疫苗、类毒素、抗毒素、免疫血清及供诊断用的菌液、抗血清等均来自培养的细菌或其代谢产物。

（2）在工农业生产中的应用

细菌培养和发酵过程中产生的多种代谢产物在工农业生产中有广泛用途，可制成抗生素、维生素、氨基酸、有机溶剂、酒、酱油、味精等产品。细菌培养物还可生产酶制剂，处理废水和垃圾，制造菌肥和农药等。

（3）在基因工程中的应用

将带有外源性基因的重组 DNA 转化给受体菌，使其在菌体内获得表达。细菌操作方便，容易培养，繁殖快，基因表达产物易于提取纯化，故可以大大地降低成本。如应用基因工程技术已成功地制备了胰岛素、干扰素、乙型肝炎疫苗等。

二、真菌的生理学

（一）真菌的营养需求

1. 碳源需求

真菌对碳源的需求较高，常用的碳源包括葡萄糖、木糖、纤维素等。这些碳源能够提供真菌生长和繁殖所需的能量。

2. 氮源需求

与其他生物一样，真菌对氮源的需求也十分重要。真菌主要通过吸收无机氮（如铵盐和硝酸盐）或有机氮（如蛋白质和氨基酸）来满足其生长发育的需要。不同种类的真菌对氮源的选择性有所差异，有些真菌对特定的氮源更为适应。

3. 矿物元素需求

除了碳和氮，真菌还需要一定量的矿物元素来完成正常的生长和代谢活动。常见的矿物元素包括钾、磷、镁、铁等。这些元素在真菌的细胞结构和代谢过程中发挥着至关重要的作用，缺乏某一种矿物元素会导致真菌发育异常甚至死亡。

4. 维生素需求

真菌生长中还需要一些维生素类物质，以维持其正常的代谢活动。真菌通常无法自主合成所有所需的维生素，需要从外界环境中摄取。例如，B 族维生素对于真菌的生长至关重要，缺乏 B 族维生素会导致真菌代谢障碍。

(二) 真菌的代谢

真菌，作为生物界的一个重要分支，其代谢过程不仅关乎其自身的生长与繁殖，对于整个生态系统的平衡也起着关键作用。真菌的代谢包括能量代谢、物质代谢、代谢产物及其代谢的调控等多个方面，这些过程共同构成了真菌复杂的生命活动。

1. 真菌的能量代谢

真菌主要通过分解有机物来获取能量。真菌细胞内含有多种酶，能够分解糖类、脂肪、蛋白质等有机物，将其转化为可被细胞利用的小分子物质。在分解过程中，真菌通过氧化磷酸化或发酵等方式产生 ATP，从而满足自身生命活动的能量需求。

2. 真菌的物质代谢

真菌的物质代谢涉及碳、氮、磷等元素的吸收、转化和排泄过程。真菌通过菌丝体从环境中吸收营养物质，如碳源、氮源和无机盐等。在细胞内，这些物质经过一系列酶促反应，转化为真菌生长和繁殖所需的细胞组分。同时，真菌还会将代谢产生的废物排出体外，以维持细胞内外环境的稳定。

3. 真菌的代谢产物

真菌在代谢过程中会产生多种代谢产物，这些产物具有广泛的生物活性和应用价值。例如，一些真菌能够产生抗生素，具有抗菌、抗病毒等作用；还有一些真菌能够合成酶、激素等生物活性物质，参与生态系统的物质循环和能量流动。此外，真菌的代谢产物还有色素、有机酸等，这些物质在食品、医药、化工等领域具有广泛的应用前景。

4. 真菌代谢的调控

真菌的代谢过程受到多种因素的调控，包括遗传、环境和生理因素等。遗传因素主要通过基因表达和调控影响真菌的代谢途径和产物合成。环境因素如温度、湿度、pH 等也会影响真菌的代谢活动。生理因素则包括真菌的生长阶段、营养状态等，这些因素会影响真菌的代谢速率和产物分布。

在真菌代谢的调控中，信号转导途径发挥着重要作用。真菌通过感知外部环境的变化，将信号传递至细胞内，进而调节相关基因的表达和酶的活性，以实现代谢的适应和调控。此外，真菌还通过代谢产物的反馈调节机制，对代谢途径进行精细调控，以确保代谢过程的稳定和高效。

总之，真菌的代谢是一个复杂而精细的过程，涉及能量代谢、物质代谢、代谢产物及代谢调控等多个方面。深入研究真菌的代谢过程，不仅有助于我们更好地了解真菌的生命活动，还为开发新型生物资源、推动相关产业的发展提供了重要的理论基础和实践指导。

5. 真菌的代谢特点

真菌的代谢方式与其他生物有所不同，它们通常以异养代谢为主。异养代谢是指真菌无法自主合成所有所需的有机物质，必须从外界环境中获取所需的营养物质。真菌通过分解有机废弃物或寄生于其他生物体来获取营养，这种代谢方式也使得真菌在自然界中具有重要的分解、生物降解和生物转化作用。

除了异养代谢，真菌还具有一种重要的代谢过程，即产生孢子。孢子是真菌的繁殖体，能够在适宜的条件下发芽成为新的菌丝体。真菌通过孢子的释放和传播来完成其生命周期的繁衍。这种代谢特点也为真菌在不同环境中广泛分布提供了条件。

(三) 真菌的适应能力

真菌具有较强的适应能力，能够在不同环境条件下存活和生长。在极端的环境中，一些真菌甚至能够通过代谢特定的物质来适应和利用有毒物质。例如，一些腐生真菌能够分解纤维素、木质素等复杂有机物质，而这些物质对其他生物来说具有较强的毒性。

此外，真菌还能通过与其他生物的共生关系来获取所需的营养物质。共生是指真菌与其他生物（如植物）建立的一种互利关系，真菌能够从共生体中获取营养，同时为共生体提供特定的物质或环境条件。这种共生关系对于真菌的营养需求和生长环境具有重要的影响。

(四) 真菌的生存条件

1. 氧气

氧气是真菌生存的关键条件之一。真菌细胞由多个个体组成，缺少氧气将无法正常生长和繁殖。例如，酵母菌在有氧环境中生长速度较快，而在缺氧条件下则将糖分解为酒精和水。

2. 水分

水分是真菌生存的关键条件。真菌在能够保存水分的环境中才能正常生长，而高湿度可能导致真菌变得有毒性。

3. 光照

光照是真菌生存的关键条件之一，但与细菌不同，真菌对光照的敏感性较低。在有光的环境下，真菌通常不会生长，甚至在非常弱的紫外线照射下也难以生长。

4. 适宜的温度

适宜的温度是真菌生存的关键因素。真菌属于热带至暖温带型生物，最适宜的生长温度是 20～30℃。在这个温度范围内，真菌能够正常生长和繁殖。

5. 有机物

真菌需要充足的有机物作为其生存的基础。真菌是一种好氧微生物，对营养物质的消耗极大。这意味着它们需要不断地从环境中获取有机物，以满足其生长和繁殖的需求。

6. 土壤

真菌在土壤中生存需要特定的条件。土壤的湿度是一个关键因素。真菌需要一定的水分来维持其生命活动，但过多的水分会导致土壤过于湿润，从而抑制真菌的生长。

7. 无氧呼吸

真菌在无氧环境下可以进行无氧呼吸以维持其生存。无氧呼吸是一种不需要氧气参与的代谢方式，通过这种方式，真菌可以获取能量并产生 ATP。

8. 植物

寄生真菌在植物上生存需要特定的条件。首先，这些真菌需要植物提供营养，因此它们会侵入植物组织，吸取其养分。其次，寄生真菌通常需要一定的湿度和温度范围来繁殖。

（五）真菌的繁殖与培养

1. 真菌的繁殖方式

真菌依靠菌丝和孢子繁殖，无性繁殖是真菌的主要繁殖方式，其特点是简单、快速、产生新个体多，主要形式有下列 4 种。

① 芽生。从细胞壁发芽，母细胞进行核分裂，一部分核进入子细胞，后在母细胞和子细胞之间产生横隔，成熟后从母体分离。常见于酵母菌和酵母样真菌。

② 裂殖。细胞分裂产生子细胞，多发生在单细胞的类型中，如裂殖酵母。

③ 萌管。有的真菌孢子以萌管方式进行繁殖，芽管伸延后形成菌丝。

④ 隔殖。有些分生孢子，是在分生孢子梗某一段落形成一隔膜，随之原生质浓缩而形成一个新的孢子。孢子可再独立繁殖。

2. 真菌的培养

真菌对营养要求不高，常用沙保弱培养基（Sabouraud's medium）培养。该培养基的成分简单，主要含有蛋白胨、葡萄糖、氯化钠和琼脂。真菌在各种不同培养基中虽皆能生长，但菌落及菌体形态却有很大差别。为了统一标准，鉴定时以沙保弱培养基上生长的真菌形态为准。多数病原性真菌生长缓慢，培养 1～4 周才出现典型菌落，故常在培养基内加入抗生素，抑制真菌的生长。培养真菌的温度为 22～28℃，但某些深部感染的真菌的最适生长温度为 37℃。最适 pH 为 4.0～6.0。

在沙保弱培养基上，不同种的真菌可形成以下 3 种不同类型的菌落。

① 酵母型菌落（yeast type colony），是单细胞真菌的菌落形式。菌落柔软而致密、光滑、湿润。显微镜下观察可见单细胞性的芽生孢子，无菌丝。隐球菌菌落属于此型。

② 类酵母型菌落，亦称酵母样菌落（yeast-like type colony），是单细胞真菌的菌落形式。菌落外观上和酵母型菌落相似，但显微镜下可看到假菌丝。假菌丝是有的单细胞真菌出芽繁殖后，芽管延长不与母细胞脱离而形成的，由菌落向下生长，伸入培养基中。白假丝酵母菌菌落属于此型。

③ 丝状型菌落（filamentous type colony），是多细胞真菌的菌落形式。由多细胞菌丝体所组成，由于菌丝一部分向空中生长，并形成孢子，从而使菌落呈絮状、绒毛状或粉末状，菌落正、背两面呈不同的颜色。丝状菌落的形态和颜色常作为鉴定真菌的参考。

3. 变异性与抵抗力

真菌很容易发生变异。在人工培养基中多次传代或孵育过久，可出现形态、结构、菌落性状、色素以及各种生理性状（包括毒力）的改变。用不同成分的培养基和不同温度培养的真菌，其性状也有所不同。

真菌对热的抵抗力不强。真菌孢子不同于细菌芽孢，一般在 60℃情况下经 1 h 即被杀灭。对干燥、阳光、紫外线及多种化学药物的耐受性较强。对 10～30g/L 石炭酸、25g/L 碘酊、1g/L 升汞及 10% 甲醛液则比较敏感。用甲醛液熏蒸被真菌污染的物品，可达到消毒的目的。

（六）真菌的致病性

1. 真菌性感染

自然界存在的真菌种类很多，目前发现对人有致病性和机会致病性的真菌已超过百种。其中，同一种疾病可以由不同种类真菌引起，一种真菌也可以引起不同类型的疾病。由真菌引起感染并表现临床症状者称为真菌病（mycosis）。引起真菌病的真菌，有的属于病原性真菌，有的属于机会致病性真菌。

一般来说，真菌的致病力比细菌弱。因此，除球孢子菌（coccidiodes）、皮炎芽生菌（Blastomyces dermatitidis）、组织胞浆菌（histoplasma）等可引起原发性感染外，真菌引起的感染，特别是深部真菌病多是在诱因使机体免疫功能显著下降时发生的。如，深部真菌病患者常伴有细胞免疫功能的抑制或缺陷。此外，真菌本身的特征也与能否引起感染有一定关系。某些真菌如白假丝酵母、烟曲霉可分离出高分子的强毒素或低分子毒素，这些毒素都有一定的致病性。另外，真菌的黏附能力、对免疫系统功能的抑制以及细胞壁中的酶类也与致病性有关系。

真菌感染，特别是深部真菌感染后可出现相应抗体，但这些抗体没有抗感染作用。有的可用于血清学诊断。细胞免疫具有一定的重要性，但对其机制尚缺乏深入研究。

2. 真菌性超敏反应

真菌性超敏反应有如下分类方式。

（1）按性质分

①感染性超敏反应。在病原性真菌感染的基础上发生的超敏反应，属Ⅳ型超敏反应。

②接触性超敏反应。即吸入或食入真菌孢子或菌丝而引起的超敏反应，分别属于Ⅰ～Ⅳ型超敏反应。

（2）按部位分

①皮肤超敏反应。主要表现有过敏性皮炎、湿疹、荨麻疹、瘙痒症等。

②呼吸道超敏反应。最主要的是支气管哮喘以及过敏性鼻炎。农民肺（farmer's lung）是由于吸入含真菌孢子的霉草尘而引起的，以呼吸困难、咳嗽、发热、不适、发绀等为特征的一种综合征。

③消化道超敏反应。它与真菌有一定关系，多由于食物中混入真菌所致。

3. 真菌毒素中毒

真菌毒素是由生长在农作物、食物或饲料上的真菌在其代谢过程中产生的。人类因食入含有真菌的食物而引起急、慢性中毒。真菌毒素中毒极易引起肝、肾、神经系统功能障碍以及造血机能损伤。另外，有些真菌的毒素与癌有关。研究已证明黄曲霉所产生的黄曲霉毒素有致癌作用。还有一些曲霉也可以产生类似黄曲霉毒素的致癌物质，如棒状曲霉、烟曲霉、黑曲霉、红曲霉、棕曲霉、文氏曲霉以及杂色曲霉等。

（七）真菌的免疫性

真菌在自然界分布广泛，但真菌病的发病率较低，说明人体对真菌有较高的非特异性免疫力。在感染过程中，也可产生特异性细胞免疫和体液免疫，但一般来说，免疫力不强。

1. 非特异性免疫

（1）皮肤黏膜屏障作用和正常菌群拮抗作用

健康的皮肤黏膜对皮肤癣菌具有一定屏障作用。如皮脂腺分泌的不饱和脂肪酸有杀真菌作用。儿童皮脂腺发育不够完善，故易患头癣；成人掌跖部缺乏皮脂腺，且手、足汗较多，易促进真菌生长，因而手足癣较多见。

白假丝酵母是机体正常菌群，存在于口腔、肠道、阴道等部位，正常情况下与其他肠道菌构成拮抗关系。但长期应用广谱抗生素导致菌群失调可引起继发性白假丝酵母感染。

（2）吞噬作用

真菌进入机体后易被单核巨噬细胞及中性粒细胞吞噬，但被吞噬的真菌孢子并不能完全被杀灭。有的可能在细胞内增殖，刺激组织增生，引起细胞浸润形成肉芽肿；有的还被吞噬细胞带到深部组织器官（如脑或内脏器官）中增殖，引起内部病变。此外，正常体液中的抗菌物质如 IFN-γ、TNF 等细胞因子在抗真菌感染方面也具有一定作用。

2. 特异性免疫

真菌侵入机体，刺激机体的免疫系统，产生特异性免疫应答。其中以细胞免疫为主，同时可诱发迟发型超敏反应。

（1）细胞免疫

真菌性感染与细胞免疫有较密切的关系。很多研究已证实，Th_1 反应占优势的细胞免疫应答在抗深部真菌（如白假丝酵母、新型隐球菌）感染中起重要作用。Th_1 细胞产生 IFN-γ、IL-2 等激活巨噬细胞，上调呼吸爆发作用，增强其对真菌的杀伤力。CDt Th_1 还可诱发迟发型超敏反应，控制真菌感染的扩散。患 AIDS、恶性肿瘤或应用免疫抑制剂的人的 T 细胞的功能被抑制，易并发播散性真菌感染，严重时导致死亡。但细胞免疫对真菌感染者的康复起何作用尚不清楚。真菌感染一般不能形成稳固的病后免疫。

某些真菌性感染后可发生迟发型皮肤超敏反应，如临床常见的癣菌疹。对真菌感染者进行皮肤试验，可用于诊断或流行病学调查。

（2）体液免疫

真菌是完全抗原，深部真菌感染可刺激机体产生相应抗体。抗体的抗真菌作用尚有争议。如白假丝酵母阴道炎患者的血液及阴道分泌物中，可检测到特异性的 IgG 及 IgA 抗体，但不能抑制阴道中的白假丝酵母感染。但也有一些研究证明保护性抗体在抗深部真菌感染中的作用。如抗白假丝酵母黏附素抗体，能阻止白假丝酵母黏附于宿主细胞。抗新型隐球菌荚膜特异性 IgG 抗体有调理吞噬作用。检测抗体对深部真菌感染的诊断有参考价值。浅部真菌感染诱生抗体的水平很低，并且易出现交叉反应，无应用价值。

(八) 真菌的生态功能

真菌是一类广泛存在于自然界的微生物，它们在生态系统中扮演着重要的角色。本节将探讨真菌的生态功能，包括分解、共生、生物防治以及营养循环等方面。

1. 分解

真菌在生态系统中承担着重要的分解者角色。它们通过分解有机物质，将复杂的有机物分解成简单的无机物，从而促进物质的循环。真菌分泌的酶可以降解各种有机物质，包括植物残体、动物尸体和废弃物等。这个过程释放出的营养物质被用于其他生物的生长和发展，促进了生态系统中的能量流动。

2. 共生

真菌与其他生物形成共生体系。一个典型的例子是真菌与植物的根系形成的菌根共生，真菌为植物提供养分和水分，而植物则为真菌提供碳源。这种共生关系不仅增强了植物对环境的适应性，还提高了植物的养分吸收能力。

3. 生物防治

真菌在生态系统中还具有生物防治的功能。一些真菌可以寄生在其他生物的体表或内部，抑制或杀死宿主的病原微生物。这种生物防治方法被广泛应用于农业和园艺领域，以减少对化学农药的依赖，同时避免对环境和人类健康的危害。

4. 营养循环

真菌参与了生态系统的营养循环，特别是氮、磷和碳等重要元素的循环。真菌能够与植物和动物共同参与有机物质的降解和氮的循环。在降解有机物质的过程中，真菌通过分解复杂的有机物质，释放出有机氮，供植物吸收利用。同时，真菌的分解还能使土壤中的磷和其他营养物质更易于被植物吸收。

总的来说，真菌在生态系统中扮演着多种角色，包括分解者、共生体、生物防治剂和营养循环的参与者等。真菌的存在和活动促进了生态系统的稳定和平衡，对维持生态系统的功能至关重要。因此，了解真菌的生态功能对于保护和管理自然资源至关重要。

三、病毒的生理学

(一) 病毒的增殖

病毒缺乏增殖所需的酶系统，只能在有易感性的活细胞内进行增殖。病毒增殖的方式是以其基因组为模板，在 DNA 聚合酶或 RNA 聚合酶以及其他必要因素作用下，经过复杂的生化合成过程，复制出病毒的基因组；病毒基因组经过转录、翻译过程，合成大量的病毒结构蛋白，再经过装配，最终释放出子代病毒。这种以病毒核酸分子为模板进行复制的方式称为自我复制（self-replication）。

1. 病毒的复制周期

从病毒进入宿主细胞开始，经过基因组复制，到最后释放出子代病毒，称为一个复制周期（replicative cycle）。感染性病毒颗粒从复制初期结构消失，即进入隐蔽期（eclipse period），继而进入增殖期。病毒量逐渐增多的时间长短因病毒种类而异。人和动物病毒的复制周期依次包括吸附、穿入、脱壳、生物合成及装配与释放等5个阶段。

（1）吸附（adsorption）

病毒吸附于宿主细胞表面是感染的第一步。吸附主要是通过病毒表面的吸附蛋白与易感细胞表面的特异性受体相结合。不同细胞表面有不同受体，它决定了病毒的不同嗜组织性和感染宿主的范围，如无包膜小RNA病毒衣壳蛋白特定序列能与人及灵长类动物细胞表面脂蛋白受体结合，而腺病毒衣壳触须样纤维能与细胞表面特异性蛋白结合。有包膜病毒多通过表面糖蛋白结构与细胞受体结合，如流感病毒HA糖蛋白与细胞表面受体唾液酸结合发生吸附；人类免疫缺陷病毒（HIV）包膜糖蛋白gp120的受体是人Th细胞表面CD4分子；EB病毒则能与B细胞CD21受体结合。VAP与受体是组织亲嗜性的主要决定因素，但不是唯一的决定因素，如流感病毒受体存在于许多组织中，但病毒却不能感染所有的细胞类型。无包膜病毒通过衣壳蛋白或突起作为VAP吸附于受体。病毒不能吸附于无受体细胞，因而不能发生感染。细胞含受体数不尽相同，最敏感细胞可含10万个受体。吸附过程可在几分钟到几十分钟内完成。

（2）穿入（penetration）

病毒吸附于宿主细胞膜后，主要是通过吞饮（endocytosis）、融合（fusion）、直接穿入等方式进入细胞。吞饮，即病毒与细胞表面结合后内凹入细胞，细胞膜内陷形式类似吞噬泡，病毒整体地进入细胞质内。无包膜的病毒多以吞饮形式进入易感动物细胞内。融合是指病毒包膜与细胞膜密切接触，在融合蛋白的作用下，病毒包膜与细胞膜融合，而将病毒的核衣壳释放至细胞质内。有包膜的病毒，如正黏病毒、副黏病毒、疱疹病毒等都以融合的形式穿入细胞。有的病毒体表面位点与细胞受体结合后，由细胞表面的酶类协助病毒脱壳，使病毒核酸直接进入宿主细胞内，如噬菌体。

（3）脱壳（uncoating）

多数病毒在穿入细胞时已在细胞的溶酶体酶的作用下脱壳释放出核酸。少数病毒的脱壳过程较复杂。

（4）生物合成（biosynthesis）

病毒基因组一旦从衣壳中释放，就进入病毒复制的生物合成阶段，即病毒利用宿主细胞提供的低分子物质大量合成病毒核酸和蛋白质。用血清学方法和电镜检查宿主细胞，在生物合成阶段找不到病毒颗粒，故这一时期被称为隐蔽期。各种病毒该期的长短不一，如脊髓灰质炎病毒为 3~4 h，披膜病毒为 5~7 h，正黏病毒为 7~8 h，副黏病毒为 11~12 h，腺病毒为 16~17 h。

在生物合成阶段，根据病毒基因组转录 mRNA 及翻译蛋白质的不同，病毒生物合成过程可归纳为 7 大类型：双链 DNA 病毒、单链 DNA 病毒、单正链 RNA 病毒、单负链 RNA 病毒、双链 RNA 病毒、逆转录病毒和嗜肝 DNA 病毒。不同生物合成类型的病毒，其生物合成过程不同。

① 双链 DNA 病毒：人和动物 DNA 病毒多数是双链 DNA（dsDNA），例如疱疹病毒、腺病毒。它们在细胞核内合成 DNA，在细胞质内合成病毒蛋白；只有痘病毒例外，因其本身携带 DNA 多聚酶，DNA 和蛋白质都在细胞质内合成。双链 DNA 病毒首先利用细胞核内依赖 DNA 的 RNA 聚合酶，转录出早期 mRNA，再在胞质内核糖体上翻译成早期蛋白。这些早期蛋白是非结构蛋白，主要为合成病毒子代 DNA 所需要的 DNA 多聚酶及脱氧胸腺嘧啶激酶。然后以子代 DNA 分子为模板，大量转录晚期 mRNA，继而在胞质核糖体上翻译出病毒的晚期蛋白即结构蛋白，主要为衣壳蛋白。其实，病毒在合成衣壳蛋白时，首先合成一个大的蛋白，再由蛋白酶将其降解为若干个小的衣壳蛋白，为以后的组装做好准备。如果没有蛋白酶作用，或者由于蛋白酶抑制剂的作用灭活了蛋白酶，不能形成衣壳蛋白，则病毒无法完成组装。dsDNA 通过半保留复制形式，大量生成与亲代结构完全相同的子代 DNA。

② 单链 DNA 病毒：单链 DNA（ssDNA）病毒以亲代为模板，在 DNA 聚合酶的作用下，产生互补链，并与亲代 DNA 链形成 ±dsDNA 作为复制中间型（replicative intermediate，RI），然后解链，由新合成互补链为模板复制出子代 ssDNA，转录 mRNA 和翻译合成病毒蛋白质。

③ 单正链 RNA 病毒：单正链 RNA（+ssRNA）病毒不含 RNA 聚合酶，但其本身具有 mRNA 的功能，可直接附着于宿主细胞的核糖体上翻译早期蛋白——依赖 RNA 的 RNA 聚合酶。在该酶的作用下，转录出与亲代正链 RNA 互补的负链 RNA。形成的双链 RNA（±RNA）即复制中间型（RNA RI），其中正链 RNA 起 mRNA 作用翻译晚期蛋白（病毒衣壳蛋白及其他结构蛋白），负链 RNA 起模板作用，转录与负链 RNA 互补的子代病毒 RNA。

④ 单负链 RNA 病毒：大多数有包膜的 RNA 病毒都属于单负链 RNA（-ssRNA）病毒。这种病毒含有依赖 RNA 的 RNA 聚合酶。病毒 RNA 在此酶的作用下，首先转录出互补正链 RNA，形成 RNA 复制中间型，再以其正链 RNA 为模板（起 mRNA 作用），转录出与其互补的子代负链 RNA，同时翻译出病毒结构蛋白和酶。

⑤ 双链 RNA 病毒：病毒双链 RNA（dsRNA）在依赖 RNA 的 RNA 聚合酶作用下转录 mRNA，再翻译出蛋白质。双链 RNA 病毒的复制与双链 DNA 病毒不同。双链 DNA 病毒分别由正、负链复制出对应链，而双链 RNA 病毒仅由负链 RNA 复制出正链 RNA，再由正链 RNA 复制出新负链 RNA。如轮状病毒 RNA 复制就不遵循 DNA 半保留复制的原则，因而轮状病毒子代 RNA 全部为新合成的 RNA。

⑥ 逆转录病毒：病毒在逆转录酶的作用下，以病毒 RNA 为模板，合成互补的负链 DNA 后，形成 RNA–DNA 中间体。中间体中的 RNA 由 RNA 酶 H 水解，在 DNA 聚合酶作用下，由 DNA 复制成双链 DNA。该双链 DNA 则整合至宿主细胞的 DNA 上，成为前病毒（provirus），再由其转录出子代 RNA 和 mRNA。mRNA 在胞质核糖体上翻译出子代病毒的蛋白质。

⑦ 嗜肝 DNA 病毒（DNA 逆转录病毒）：乙型肝炎病毒（HBV）属于该类型病毒，其基因组为不完全闭合 dsDNA，其复制有逆转录过程。逆转录过程发生在病毒转录后，在装配好的病毒衣壳中，以前病毒 DNA 转录的 RNA（前基因组）为模板进行逆转录，形成 RNA–DNA 中间体，RNA 水解后，以 -ssDNA 为模板，合成部分互补 +ssDNA，形成不完全双链的环状子代 DNA。

（5）装配与释放（asembly and release）

病毒核酸与蛋白质合成之后，根据病毒的种类不同，在细胞内装配的部位和方式亦不同。除痘病毒外，DNA 病毒均在细胞核内组装；除正黏病毒外，大多数 RNA 病毒则在细胞质内组装。装配一般要经过核酸浓聚、壳粒集聚及装灌核酸等步骤。有包膜病毒还需在核衣壳外加一层包膜。包膜中的蛋白质是由病毒基因编码合成的，脂质及糖类都来自宿主细胞的细胞膜，个别病毒如疱疹病毒则来自细胞核膜。在装配完成后，裸露病毒随宿主细胞破裂而释放病毒，而有包膜的 DNA 病毒和 RNA 病毒则以出芽方式释放到细胞外，宿主细胞通常不死亡。包膜蛋白质向胞质移动过程中经糖基转移酶与糖结合成为糖蛋白，与脂类结合成为脂蛋白。有些病毒如巨细胞病毒，很少释放到细胞外，而是通过细胞间桥或细胞融合在细胞之间传播，致癌病毒的基因组则可与宿主细胞染色体整合，随细胞分裂而出现在子代细胞中。

病毒复制周期的长短与病毒种类有关，如小 RNA 核糖核酸病毒复制周期为 6~8 h，正黏病毒复制周期为 15~30 h。每个细胞产生子代病毒的数量也因病毒和宿主细胞不同而异，多者可产生 10 万个病毒。

2. 病毒的异常增殖与干扰现象

（1）病毒的异常增殖

病毒在宿主细胞内复制时，并非所有的病毒成分都能组装成完整的病毒，常有异常增殖现象。

① 顿挫感染（abortive infection）：病毒进入宿主细胞后，如细胞不能为病毒增殖提供所需要的酶、能量及必要的成分，则病毒就不能合成本身的成分，或者虽合成部分或合成全部病毒成分，但不能组装和释放出有感染性的病毒颗粒，称为顿挫感染。不能为病毒复制提供必要条件的细胞为非容纳细胞（nonpermissive cell）。非容纳细胞对另一种病毒可能为容纳细胞（permissive cell）。病毒在非容纳细胞内呈顿挫感染，而在另一些细胞内则可能增殖，造成感染。例如，人腺病毒感染人胚肾细胞能正常增殖，若感染猴肾细胞则发生顿挫感染。猴肾细胞对人腺病毒而言，被称为非容纳细胞，但对脊髓灰质炎病毒则是容纳细胞。

② 缺陷病毒（defective virus）：因病毒基因组不完整或者因某一基因位点改变，不能进行正常增殖，复制不出完整的有感染性病毒颗粒，此病毒称为缺陷病毒。但当缺陷病毒与另一种病毒共同培养时，若后者能为前者提供所缺乏的物质，就能使缺陷病毒完成正常的增殖，这种有辅助作用的病毒被称为辅助病毒（helper virus）。腺病毒伴随病毒就是一种缺陷病毒，用任何细胞培养都不能增殖，只有与腺病毒共同感染细胞时才能完成复制周期。腺病毒为腺病毒伴随病毒的辅助病毒。丁型肝炎病毒（hepatitis D virus，HDV）也是缺陷病毒，必须依赖于乙型肝炎病毒（hepatitis B virus，HBV）才能复制。

（2）干扰现象

两种病毒感染同一细胞时，可发生一种病毒抑制另一种病毒增殖的现象，称为干扰现象。干扰现象不仅发生在异种病毒之间，也可发生在同种、同型及同株病毒之间。如流感病毒的自身干扰。在同一病毒株中混有缺陷病毒，当与完整病毒同时感染同一细胞时，完整病毒的增殖受到抑制的现象叫自身干扰现象，发挥干扰作用的缺陷病毒称为缺陷干扰颗粒（defective interfering particle，DIP）。干扰现象不仅在活病毒间发生，灭活病毒也能干扰活病毒。病毒之间的干扰现象能够阻止发病，也可以使感染终止，使宿主康复。发生干扰的原因可能是病毒诱导宿主细胞产生了干扰素，也可能是病毒的吸附受到干扰或改变了宿主细胞代谢途径，阻止了另一种病毒的吸附和穿入等过程。

（二）病毒的遗传与变异

病毒的基因组较简单，基因数仅 3～10 个，增殖速率极快，是较早用于遗传学研究的工具。病毒遗传与变异机制的明晰对于阐明某些病毒性疾病的发病机制以及制备病毒疫苗和防治病毒性疾病具有重要意义。

由于病毒的基因组很小，为充分利用其核酸，病毒基因组中的多种基因常以互相重叠的形式存在，即基因中的编码序列外显子（exon）之间有重叠。病毒基因的转录与翻译均需在细胞内进行，其基因组结构必须具有真核细胞基因组结构的特点，如含有内含子（intron）序列，具有转录后的剪切和后加工过程等。

1. 基因突变

病毒在增殖过程中常发生基因组中碱基序列的置换、缺失或插入，引起基因突变。用物理因素（如紫外线或 γ 射线）或化学因素（如亚硝基胍、5- 氟尿嘧啶或 5- 溴脱氧尿苷）处理病毒时，也可诱发突变，提高突变率。由基因突变产生的病毒表型性状改变的毒株称为突变株（mutant），突变株可呈多种表型，如病毒空斑或痘斑的大小、病毒颗粒形态、抗原性、宿主范围、营养要求、细胞病变以及致病性的改变等。常见的并有实际意义的突变株有以下几种。

（1）条件致死性突变株（conditional lethal mutant）

只能在某种条件下增殖，而在其他条件下不能增殖的病毒株，如温度敏感性突变株（temperature sensitivemutant, ts）在 28~35℃条件下可增殖（该范围内温度称容许性温度），而在 37 ~ 40℃条件下不能增殖（该范围内温度称非容许性温度）。ts 株可来源于基因任何部位的改变，产生各种各样的 ts 突变株，典型 ts 株的基因所编码的酶蛋白或结构蛋白质，在较高温度下（36 ~ 41℃）失去功能，故病毒不能增殖。ts 突变株常具有降低毒力而保持其免疫原性的特点，是生产减毒活疫苗的理想株，但 ts 株容易出现回复突变，因此在制备疫苗株时，必须经多次诱变后，才可获得在一定宿主细胞内稳定传代的突变株，亦称变异株（variant）。脊髓灰质炎减毒活疫苗就是这种稳定性 ts 变异株。

（2）缺陷型干扰突变株（defective interference mutant, DIM）

因病毒基因组中碱基缺失突变引起其所含核酸较正常病毒明显减少，并发生各种各样的结构重排。多数病毒可自然发生缺陷型干扰突变。当病毒以高感染复制传代时可出现 DIM。其特点是由于基因的缺陷而不能单独复制，必须在辅助病毒（通常是野生株）存在时才能进行复制，同时能干扰野生株的增殖。对 DIM 的认识主要是来自细胞培养中的增殖试验，它通过对野毒株的干扰作用，可以减弱野毒株的毒性；但 DIM 在一些疾病中也起重要作用，它与某些慢性疾病的发病机制有关。

（3）宿主范围突变株（host-range mutant, hr）

指病毒基因组突变而影响了对宿主细胞的感染范围，能感染野生型病毒所不能感染的细胞，利用此特性可制备狂犬病疫苗，也可对分离的流感病毒株等进行基因分析，及时发现是否带有非人来源（禽、猪）流感毒株血凝素的毒株等。

（4）耐药突变株（drug-resistant mutant）

临床上应用针对病毒酶的药物后，有时病毒经短暂被抑制后又重新复制，常因编码病毒酶基因的改变而降低了病毒酶对药物的亲和力或作用，从而使病毒对药物产生抗药性而能继续增殖。从研究角度也可分析病毒酶的基因编码区，以发现碱基序列的变异与耐药性产生的关系。

2. 基因重组与重配

当两种或两种以上病毒感染同一宿主细胞时，它们之间可发生多种形式的相互作用，如干扰现象、共同感染、基因转移与互换、基因产物的相互作用等，但常发生于有近缘关系的病毒或宿主敏感性相似的病毒间。两种病毒感染同一宿主细胞发生基因的交换，产生具有两个亲代特征的子代病毒，并能继续增殖，该变化称为基因重组（gene recombination），其子代病毒称为重组体（recombinant）。基因重组不仅能发生于两种活病毒之间，也可发生于一种活病毒与另一种灭活病毒之间，甚至发生于两种灭活病毒之间。对于基因分节段的 RNA 病毒，如流感病毒、轮状病毒等，通过交换 RNA 节段而进行基因重组的被称为重配（reassortment）；一般而言，发生重配的概率可高于不分节段的病毒。已灭活的病毒在基因重组中可成为具有感染性的病毒，如经紫外线灭活的病毒与另一近缘的活病毒感染同一宿主细胞时，经基因重组而使灭活病毒复活，称为交叉复活（cross reactivation）；当两种或两种以上的近缘的灭活病毒（病毒基因组的不同部位受损）感染同一细胞时，经过基因重组而出现具有感染性的子代病毒，称为多重复活（multiplicity reactivation）。

3. 基因整合

基因整合是指病毒基因组与宿主细胞基因组的整合。在病毒感染宿主细胞的过程中，有时病毒基因组中 DNA 片段可插入宿主染色体 DNA 中，这种病毒基因组与细胞基因组的重组过程称为基因整合（gene integration）。转导性噬菌体可引起宿主菌基因的普遍转导和局限性转导，溶原性噬菌体可使宿主菌变为溶原状态。多种DNA 病毒、逆转录病毒等均有整合宿主细胞染色体的特性，整合既可引起病毒基因的变异，也可引起宿主细胞染色体基因的改变（如出现病毒癌基因），导致细胞转化发生肿瘤等。

4. 病毒基因产物的相互作用

当两种病毒感染同一细胞时，除可发生基因重组外，也可发生病毒基因产物的相互作用，包括互补、表型混合与核壳转移等，产生子代病毒的表型变异。

（1）互补作用和加强作用

互补作用是指两种病毒感染同一细胞时，其中一种病毒的基因产物（如结构蛋白和代谢酶等）促使另一病毒增殖。这种现象可发生于感染性病毒与缺陷病毒或灭活病毒之间，甚至发生于两种缺陷病毒之间的基因产物互补，而产生两种感染性子代病毒。其原因并非缺陷病毒之间的基因重组，而是两种病毒能相互提供另一缺陷病毒所需的基因产物，例如病毒的衣壳或代谢酶等。

（2）表型混合（phenotypic mixing）与核壳转移（transcapsidation）

病毒增殖过程中，核酸复制与转录、病毒蛋白质的翻译分别在细胞的不同部位进行，因此有时两株病毒共同感染同一细胞时，一种病毒复制的核酸被另一种病毒所编码的蛋白质衣壳或包膜包裹，也会发生诸如耐药性或细胞嗜性等生物学特征的改变，这种改变不是遗传物质的交换，而是基因产物的交换，称为表型混合。表型混合获得的新性状不稳定，经细胞传代后又可恢复为亲代表型。无包膜病毒发生的表型混合称核壳转移，如脊髓灰质炎病毒与柯萨奇病毒感染同一细胞时，常发生核壳转移，甚至有两亲代病毒核酸编码的壳粒相互混合组成的衣壳。因此在获得新表型病毒株时，应通过传代来确定病毒新性状的稳定性，以区分是基因重组体还是表型混合体。

（三）理化因素对病毒的影响

病毒受理化因素作用后，失去感染性称为灭活（inactivation）。灭活的病毒仍能保留其他特性，如抗原性、红细胞吸附、血凝及细胞融合等。

1. 物理因素

（1）温度

大多数病毒耐冷不耐热，在0℃以下的温度，特别是在干冰温度（-70℃）和液态氮温度（-196℃）下，可长期保持其感染性。大多数病毒于50~60℃下30 min即被灭活。热对病毒的灭活作用，主要是使病毒衣壳蛋白变性和病毒包膜的糖蛋白刺突发生变化，阻止病毒吸附于宿主细胞。热也能破坏病毒复制所需的酶类，使病毒不能脱壳。

（2）酸碱度

大多数病毒在pH 5~9的范围内比较稳定，而在pH 5.0以下或pH 9.0以上的环境中则迅速被灭活，但不同病毒对pH的耐受能力有很大不同，如在pH 3~5时肠道病毒稳定，鼻病毒很快被灭活。

（3）射线和紫外线

γ射线、X射线和紫外线都能使病毒灭活。射线引起核苷酸链发生致死性断裂；紫外线引起病毒的多核苷酸形成双聚体（如胸腺核苷与尿核苷），抑制病毒核酸的复制导致病毒失活。但有些病毒经紫外线灭活后，若再用可见光照射，受激活酶影响，可使灭活的病毒复活，故不宜用紫外线来制备灭活病毒疫苗。

2. 化学因素

病毒对化学因素的抵抗力一般较细菌强，可能是由于病毒缺乏酶类。

（1）脂溶剂

病毒的包膜含脂质成分，易被乙醚、三氯甲烷、去氧胆酸盐等脂溶剂溶解。因此包膜病毒进入人体消化道后，即被胆汁破坏。在脂溶剂中，乙醚对病毒包膜的破坏作用最大，所以乙醚灭活试验可鉴别有包膜和无包膜病毒。

（2）酚类

酚及其衍生物为蛋白质变性剂，故可作为病毒的消毒剂。

（3）氧化剂、卤素及其化合物

病毒对这些化学物质都很敏感。

（4）抗生素与中草药

现有的抗生素对病毒无抑制作用，但可以抑制待检标本中的细菌，有利于病毒的分离。近年来研究证明，有些中草药（如板蓝根、大青叶、大黄、黄芪和七叶一枝花等）对某些病毒有一定的抑制作用。

第二章　微生物检验技术概论

第一节　显微镜

　　显微镜是微生物学研究中必不可少的工具。正确掌握显微镜使用技术，对于从事与微生物有关的科学研究和生产实践是十分重要的。

　　显微镜种类繁多，有普通光学显微镜、相差显微镜、暗视野显微镜、荧光显微镜、倒置显微镜、偏光显微镜和电子显微镜等。

一、显微镜的操作

　　利用自然光源镜检时，最好用朝北的光源，不宜采用直射阳光；利用人工光源时，宜用日光灯。

　　镜检时身体要正对实习台，采取端正的姿态，两眼自然张开，左眼观察标本，右眼用于记录和绘图，同时左手调节焦距，使物像清晰并移动标本，右手记录、绘图。

　　镜检时载物台不可倾斜，因为当载物台倾斜时，液体或油易流出，既损坏标本，又污染载物台，还影响检查结果。

　　镜检时应将标本按一定方向移动，直至整个标本观察完毕，以便不漏检，不重复。

　　显微镜的重光为对光，物镜的转换及光线的调节。观察寄生虫标本时，光线调节甚为重要。因为所观察的标本如虫卵、包囊等，均为自然光状态的物体，有大有小，色泽有深有浅，有的无色透明，而低倍、高倍物镜转换较多，故需要随着镜检时不同的标本和要求，随时调节焦距和光线，这样才能使观察的物像清晰。在一般情况下，染色标本光线宜强，无色或未染色标本光线宜弱；低倍镜观察光线宜弱，高倍镜观察光线宜强。

　　1. 对光

　　① 将低倍镜转至镜筒下方与镜筒成一直线。

　　② 拨动反光镜，调节至视野最亮无阴影。反光镜有平、凹两面，光源强时用平面，较暗时用凹面。需要强光时，将聚光器提高，光圈放大；需要弱光时，将聚光

器降低，或光圈适当缩小。

③ 将待观察的标本置于载物台上，转动粗准焦螺旋使镜筒下降至物镜接近标本。在转动粗准焦螺旋的同时，须俯身在镜旁仔细观察物镜与标本之间的距离。

④ 左眼于目镜观察，同时左手转动粗准焦螺旋，使镜筒徐徐上升以调节焦距，看到视野内的物像时即停，再调细准焦螺旋，至标本清晰为止。

2. 物镜的使用及光线的调节

显微镜一般具有三个物镜，即低倍镜、高倍镜及油镜，固定于物镜转换器孔中。观察标本时，先使用低倍物镜，此时，视野较大，标本较易查出，但放大倍数较小（一般放大 100 倍），较小的物体不易观察其结构。高倍物镜放大的倍数较大（一般放大 400 倍），能观察微小的物体或结构。

寄生虫的蠕虫卵、微丝蚴，原虫的滋养体及包囊，昆虫的幼虫，均使用低、高倍镜。组织细胞内的原虫，则使用油镜。使用低、高倍镜观察，如在低倍镜下不能准确鉴定所见的物体或其内部构造，则转用高倍镜观察。使用油镜观察，一般加一滴油后直接将油镜头浸入油滴中进行镜检观察。

3. 低倍、高倍、油镜头的识别

① 标明放大倍数 10×、40×、100×，或 10/0.25、40/0.65、100/1.25。

② 低倍镜最短，高倍镜较长，油镜最长。

③ 镜头前面的镜孔低倍镜最大，高倍镜较大，油镜最小。

④ 油镜头上常刻有黑色环圈，或"油"字。

4. 低倍镜换高倍镜的使用方法

① 光线对好后，移动推进器寻找需要观察的标本。

② 如标本的体积较大，不能清楚看见其构造因而不能确认时，则将标本移至视野中央，再旋转高倍物镜于镜筒下方。

③ 旋转细准焦螺旋至物像清晰为止。

④ 调节聚光器及光圈，使视野内的物像达到最清晰的程度。

5. 油镜的使用方法

(1) 原理

使用油镜观察时，需要加香柏油，因为油镜需要进入镜头的光线多，但油镜的透气孔最小，这样进入的光线就少，物体不易看清楚。同时，自玻片透过的光线，由于介质（玻片—空气—物镜）密度（玻片：$n=1.52$；空气：$n=1.0$）不同而发生了折射散光，因此射入镜头的光线就更少，物体更难以看清楚。于是采用一种和玻片折光率接近的介质如香柏油，加于标本与玻片之间，使光线不通过空气，这样射入镜头的光线就较多，物像就看得清楚。

（2）油镜的使用

① 将光线调至最强程度（聚光器提高，光圈全部开放）。

② 转动粗准焦螺旋使镜筒上升，滴香柏油 1 小滴（不要过多，不要涂开）于物镜正下方标本上。

③ 转动物镜转换盘，使油镜头位于镜筒下方。

④ 俯身镜旁侧面，在肉眼的观察下，转动粗准焦螺旋使油镜头徐徐下降浸入香柏油内，轻轻接触玻片为止。

⑤ 慢慢转动粗准焦螺旋，使油镜头徐徐上升至见到标本的物像为止。

⑥ 转动细准焦螺旋，使视野物像达到最清晰的程度。

⑦ 左手徐徐移动推进器，并转动细准焦螺旋以观察标本。

⑧ 标本观察完毕后，转动粗准焦螺旋将镜筒升起，取下标本玻片，立即用擦镜纸将镜头上的香柏油擦净。

6. 注意事项

① 使用显微镜之前，应熟悉显微镜的各部名称及使用方法，特别应掌握识别三种物镜的特征。

② 显微镜在从木箱中取出或装箱时，右手紧握镜臂，左手稳托镜座，轻轻取出。不要只用一只手提取，以防显微镜坠落。然后轻轻放在实习台上或装入木箱内。

③ 显微镜放到实习台上时，先放镜座的一端，再将镜座全部放稳，切不可使镜座全面同时与台面接触，因为镜座全面同时接触震动过大，透镜和细准焦螺旋的装置易损坏。

④ 寄生虫学实习中所观察的标本，大多数为无色或较浅颜色，因此必须注意光线的调节。

⑤ 新鲜标本观察时，须加盖玻片，以免标本因蒸发而干燥变形或污染侵蚀物镜，同时可使标本表面匀平，光线得以集中，有利于观察。

二、显微镜的维护

（一）经常性的维护

① 防潮。如果室内潮湿，光学镜片就容易生霉、生雾。镜片一旦生霉，很难除去。显微镜内部的镜片由于不便擦拭，潮湿对其危害更大。机械零件受潮后，容易生锈。为了防潮，存放显微镜时，除了选择干燥的房间外，存放地点也应离墙、离地，远离湿源。显微镜箱内应放置 1~2 袋硅胶作干燥剂，并经常对硅胶进行烘烤；在其颜色变粉红后，应及时烘烤，烘烤后再继续使用。

②防尘。光学元件表面落入灰尘，不仅影响光线通过，而且经光学系统放大后，会生成很大的污斑，影响观察。灰尘、沙砾落入机械部分，还会增加磨损，引起运动受阻，危害同样很大。因此，必须经常保持显微镜的清洁。

③防腐蚀。显微镜不能和具有腐蚀性的化学试剂放在一起，如硫酸、盐酸、强碱等。

④防热。防热的目的主要是避免热胀冷缩引起镜片的开胶与脱落。

⑤不要触碰尖锐的物品，如铁钉、针等。

⑥非相关人员不要随意动用。

(二) 光学系统擦拭

平时对显微镜的各光学部分的表面，用干净的毛笔清扫或用擦镜纸擦拭干净即可。当镜片上有抹不掉的污物、油渍或手指印，镜片生霉、生雾以及长期停用后复用时，都需要先进行擦拭再使用。

1. 擦拭范围

目镜和聚光镜允许拆开擦拭。物镜因结构复杂，装配时需要专门的仪器来校正才能恢复原有的精度，故严禁拆开擦拭。

拆卸目镜和聚光镜时，要注意以下几点。

①小心谨慎。

②拆卸时，要标记各元件的相对位置 (可在外壳上画线作标记)、相对顺序和镜片的正反面，以防重装时弄错。

③操作环境应保持清洁、干燥。拆卸目镜时，只要从两端旋出上下两块透镜即可。目镜内的视场光栏不能移动。否则，会使视场界线模糊。聚光镜旋开后严禁进一步分解其上透镜。因其上透镜是油浸的，出厂时经过良好的密封，再分解会破坏它的密封性能而损坏。

2. 擦拭方法

先用干净的毛笔或吹风球除去镜片表面的灰尘。然后用干净的绒布从镜片中心开始向边缘做螺旋形单向运动。擦完一次把绒布换一个地方再擦，直至擦净为止。如果镜片上有油渍、污物或指印等擦不掉时，可用柳枝条裹上脱脂棉，蘸少量酒精和乙醚混合液 (酒精80%、乙醚20%) 擦拭。如果有较重的霉点或霉斑无法除去时，可用棉签蘸水润湿后蘸上碳酸钙粉 (含量为99%以上) 进行擦拭。擦拭后，应将粉末清除干净。镜片是否擦净，可利用镜片上的反射光线进行观察检查。需要注意的是，擦拭前一定要将灰尘除净。否则，灰尘中的沙砾会将镜面划起沟纹。不准用毛巾、手帕、衣服等去擦拭镜片。酒精乙醚混合液不可用得太多，以免液体进入镜片的黏接部使镜片脱胶。镜片表面有一层紫蓝色的透光膜，不要误作污物将其擦去。

(三) 机械部分擦拭

表面涂漆部分，可用布擦拭，但不能使用酒精、乙醚等有机溶剂擦，以免脱漆。没有涂漆的部分若有锈，可用布蘸汽油擦去。擦净后重新上好防护油脂即可。

(四) 机械装置故障

1. 粗调部分故障的排除

粗调的主要故障是自动下滑或升降时松紧不一。所谓自动下滑是指镜筒、镜臂或载物台静止在某一位置时，不经调节，在它本身重量的作用下，自动地慢慢落下来的现象。其原因是镜筒、镜臂、载物台本身的重力大于静摩擦力。解决的办法是增大静摩擦力，使之大于镜筒或镜臂本身的重力。

对于斜筒及大部分双目显微镜的粗调机构来说，当镜臂自动下滑时，可用两手分别握住粗调手轮内侧的止滑轮，双手均按顺时针方向用力拧紧，即可制止下滑。如不奏效，则应找专业人员进行修理。

镜筒自动下滑，往往给人以错觉，误认为是齿轮与齿条配合得太松引起的。于是就在齿条下加垫片。这样，镜筒的下滑虽然能暂时止住，但使齿轮和齿条处于不正常的咬合状态。运动的结果是齿轮和齿条都变形。尤其是垫得不平时，齿条的变形更厉害，结果是一部分咬得紧，一部分咬得松。因此，这种方法不宜采用。

此外，由于粗调机构长久失修，润滑油干枯，升降时会产生不舒服的感觉，甚至可以听到机件的摩擦声。这时，可将机械装置拆下清洗，上油脂后重新装配。

2. 微调部分故障的排除

微调部分最常见的故障是卡死与失效。微调部分安装在仪器内部，其机械零件细小、紧凑，是显微镜中最精细复杂的部分。微调部分的故障应由专业技术人员进行修理。没有足够的把握，不要随便乱拆。

3. 物镜转换器故障的排除

物镜转换器的主要故障是定位装置失灵。一般是定位弹簧片损坏 (变形、断裂、失去弹性、弹簧片的固定螺钉松动等) 所致，更换新弹簧片时，暂不要把固定螺钉旋紧，应先做光轴校正。等合轴以后，再旋紧螺丝。若是内定位式的转换器，则应旋下转动盘中央的大头螺钉，取下转动盘，才能更换定位弹簧片。光轴校正的方法与前面相同。

（五）常见故障排除

1. 镜筒的自行下滑

这是生物显微镜经常发生的故障之一。对于轴套式结构的显微镜，解决的办法可分两步进行。

第一步：用双手分别握住两个粗调手轮，相对用力旋紧。看能否解决问题，若还不能解决问题，则要用专用的双柱扳手把一个粗调手轮旋下，加一片摩擦片，手轮拧紧后，如果转动很费劲，则加的摩擦片太厚了，可调换一片薄的。以手轮转动不费力，镜筒上下移动轻松而又不自行下滑为准。摩擦片可用废照相底片和小于1毫米厚的软塑料片用打孔器冲制。

第二步：检查粗调手轮轴上的齿轮与镜筒身上的齿条啮合状态。镜筒的上下移动是由齿轮带动齿条来完成的。齿轮与齿条的最佳啮合状态在理论上讲是齿条的分度线与齿轮的分度圆相切。在这种状态下，齿轮转动轻松，并且对齿条的磨损最小。有一种错误的做法，就是在齿条后加垫片，使齿条紧紧地压住齿轮来阻止镜筒的下滑。这时齿条的分度线与齿轮的分度圆相交，齿轮和齿条的齿尖都紧紧地顶住对方的齿根。当齿轮转动时，相互间会产生严重的磨削。由于齿条是铜质的，齿轮是钢质的，所以相互间的磨削，会把齿条上的牙齿磨坏，齿轮和齿条上会产生许多铜屑，最后齿条会严重磨损而无法使用。因此千万不能垫高齿条来阻止镜筒下滑。解决镜筒自行下滑的问题，只能用加大粗调手轮和偏心轴套间的摩擦力来实现。但有一种情况例外，那就是齿条的分度线与齿轮的分度圆相离。这时转动粗调手轮时，同样会产生空转打滑的现象，影响镜筒的上下移动。这时若是通过调整粗调手轮的偏心轴套，无法调整齿轮与齿条的啮合距离，则只能在齿条后加垫适当的薄片来解决。加垫片调整好齿轮与齿条啮合距离的标准是：转动粗调手轮不费劲，但也不空转。

调整好距离后，在齿轮与齿条间加一些中性润滑脂，让镜筒上下移动几下即可。最后还须把偏心轴套上的两只压紧螺丝旋紧。不然，转动粗调手轮时，偏心轴套可能会跟着转动，而把齿条卡死，使镜筒无法上下移动。这时如果转动粗调手轮的力量过大的话，可能会损坏齿条和偏心轴套。在旋紧压紧螺丝后，如果发现偏心轴套还是跟着转的话，这是由于压紧螺丝的螺丝孔螺纹没有改好。因为厂家改螺纹是用机器改丝，往往会有一到二牙螺纹没改到位。这时即使压紧螺丝也旋不到位，偏心轴套也就压不紧了。发现这种故障，只要用M3的丝攻把螺丝孔的螺纹攻穿就能解决问题。

把以上这些步骤一一做好后，镜筒自行下滑问题会得到解决。

2.遮光器定位失灵

这可能是遮光器固定螺丝太松，定位弹珠逃出定位孔造成的。只要把弹珠放回定位孔内，旋紧固定螺丝就行了。如果旋紧后，遮光器转动困难，则需在遮光板与载物台间加一个垫圈。垫圈的厚薄以螺丝旋紧后，遮光器转动轻松、定位弹珠不外逃、遮光器定位正确为宜。

3.物镜转换器转动困难或定位失灵

转换器转动困难可能是固定螺丝太紧，使转动困难，并会损坏零件；太松，里面的轴承弹珠就会脱离轨道，挤在一起，同样使转动困难；另外，弹珠很可能跑到外面，弹珠的直径仅有一毫米，很容易遗失。固定螺丝的松紧程度以转换器在转动时轻松自如、垂直方向没有松动的间隙为准。调整好固定螺丝后，应随即把锁定螺丝锁紧。不然，转换器转动后，又会发生问题。

转换器定位失灵有时可能是定位簧片断裂或弹性变形造成的。此时只要更换簧片就行了。

4.目镜、物镜的镜片被污染或霉变

大部分显微镜使用一段时间后都会产生镜片的外面被玷污或发生霉变的问题。尤其是高倍物镜40×，在做"观察植物细胞的质壁分离与复原"实验时，极容易被糖液污染。如镜头被污染不及时清洗干净就会发生霉变。处理的办法是先用干净柔软的绸布蘸温水清洗掉糖液等污染物，后用干绸布擦干，再用长纤维脱脂棉蘸些镜头清洗液清洗，最后用吹风球吹干。要注意的是清洗液千万不能渗入物镜镜片内部。因为为了达到所需要的放大倍数，高倍物镜的镜片需要紧紧地胶接在一起。胶是透明的，且非常薄，一旦这层胶被酒精、乙醚等溶剂溶解后，光线通过这两片镜片时，光路就会发生变化，观察效果会受到很大影响。所以在清洗时不要让酒精、乙醚等溶剂渗入物镜镜片的内部。

若是目镜、物镜镜头内部的镜片被污染或霉变，就必须拆开清洗。目镜可直接拧开拆下后进行清洗。但物镜的结构较复杂，镜片的叠放、各镜片间的距离都有非常严格的要求，精度也很高。生产厂家在装配时是经过精确校正而定位的，所以拆开清洗干净后，必须严格按原样装配好。

生物显微镜的镜片都是用精密加工过的光学玻璃片制成的，为了增加透光率，需要在光学玻璃片的两面涂上一层很薄的透光膜。这样，透光率就可以达到97%~98%。这一层透光膜表面平整光滑，且很薄，一旦透光膜表面被擦伤留有痕迹，它的透光率就会受到很大影响，观察时会变得模糊不清。所以在擦拭镜片时，一定要用干净柔软的绸布或干净毛笔轻轻擦拭，若用擦镜纸擦拭则更要轻柔，以免损伤透光膜。

5. 镜架、镜臂倾斜时固定不住

这是镜架和底座的连接螺丝松动所致。可用专用的双头扳手或尖嘴钳卡住双眼螺母的两个孔眼，用力旋紧即可。如旋紧后，问题没有解决，则需在螺母里加垫适当的垫片。

当显示屏上的图像有切割的时候，就要考虑拉杆移动有没有到位。如果没有到位，把相对应的拉杆移动到位就可以了。

6. 使用过程中发现有脏点

如果发现显示屏上的图像有脏点，就要考虑是不是标本室有脏物；如果发现标本室没有脏物，再检查一下物镜表面有没有脏物；如果有脏物，显示器上就会显示有脏点，解决的办法也很简单，只要把物镜表面和标本室里的脏物清除就可以了。

7. 调节变焦时物像不清晰

如果发现调节变焦时物像不清晰，要检查一下高倍调焦是不是清晰；如果不清晰，那么只要把它调置于最高倍，再重新调焦即可。

第二节　培养基制备与微生物处理技术

一、培养基制备技术

（一）培养基概述

1. 定义

培养基是根据微生物的营养需要，人工配制的适合微生物生长繁殖或积累代谢产物的营养基质，主要用于微生物的分离、培养、菌种鉴定以及发酵生产等方面。

2. 分类

培养基的分类方法较多，采用不同的分类方法可将其分为不同的类型。

① 根据组成成分不同，可将培养基分为天然培养基、合成培养基和半合成培养基。天然培养基是指利用动物、植物、微生物或其他天然有机成分配制而成的培养基，其确定的组分及含量不甚清楚。合成培养基是指利用已知成分及已知含量的高纯度化学药品配制而成的培养基。半合成培养基是指培养基的营养组分一部分是天然成分，一部分是化学试剂。

② 根据物理状态不同，可将培养基分为液体培养基、固体培养基和半固体培养基。液体培养基是指配制成的培养基在常温常压下呈液态。固体培养基是指在液体培养基中加入一定量的凝固剂（常加 1.5%～2% 的琼脂粉）而制成的培养基。半固体

培养基是指在液体培养基中加入少量的凝固剂（加 0.5% 左右的琼脂粉）而制成的培养基。

③ 根据用途不同，可将培养基分为基本培养基、加富培养基、选择性培养基、鉴别培养基、生化培养基、种子培养基、发酵培养基等。基本培养基是指营养成分基本满足一般微生物生长繁殖需要的培养基。加富培养基是在基本培养基的基础上，加入某种特殊的营养物质，使某种微生物能够迅速生长，而有利于其从混合菌中分离出来，达到富集培养这种微生物的目的。选择性培养基是在培养基中加入某种化学物质，抑制不需要的微生物的生长，以达到从混杂的微生物中分离出所需要微生物的目的。鉴别培养基是指在培养基中加入能与某种微生物的无色代谢产物发生显色反应的指示剂，从而使该菌落呈现出一些肉眼可鉴别的特征性培养性状的培养基。生化培养基是指用于测定微生物生理生化特性的培养基。种子培养基是为获得较多的强壮而整齐的种子细胞而配制的培养基。发酵培养基是指用于积累微生物代谢产物的培养基。

3. 制备过程中应遵循的原则和要求

培养基制备是微生物教学、科研和生产实践中最基本的工作，在制备过程中应遵循以下原则和要求：

① 根据微生物的营养需要配制培养基；

② 培养基的容器（不宜用铁锅和铜锅）不含抑制微生物生长的物质；

③ 培养基的酸碱度、渗透压应符合所培养微生物的生长要求；

④ 制成的培养基绝大多数应该是透明的，以便观察微生物的生长性状或其代谢活动所产生的变化；

⑤ 培养基制成后必须进行彻底灭菌；

⑥ 配制培养基还应考虑到经济原则。

本节主要介绍细菌、真菌培养常用基础培养基、选择性培养基和鉴别培养基的制备方法。

(二) 细菌常用培养基配制实验

1. 实验说明

培养细菌常用的基本培养基一般是指营养肉汤培养基和营养琼脂培养基。它们通常由牛肉膏（作为碳源、氮源，提供维生素和无机盐）、蛋白胨（主要作为氮源）、氯化钠（作为无机盐并具有维持一定渗透压的作用）和水组成，含有大多数细菌生长繁殖所需要的营养物质。一般细菌的最适 pH 为 7.0 ~ 8.0。

2. 实验材料

（1）药品与试剂

牛肉膏、蛋白胨、氯化钠、琼脂粉、1 mol/L HCl 溶液、1 mol/L NaOH 溶液等。

（2）器材及其他

高压蒸汽灭菌锅、天平、电磁炉、搪瓷缸、烧杯、试管、量筒、三角瓶、漏斗、玻璃棒、吸管、称量纸、棉线绳、棉塞、pH 试纸、洗耳球、记号笔等。

3. 方法步骤

（1）营养肉汤

① 称量。称取牛肉膏、蛋白胨、氯化钠，共置于烧杯中。

② 溶解。先加适量水，加热使其溶解，再补足水至总量。

③ 调 pH。用 1mol/L NaOH 溶液或 1 mol/L HCl 溶液调 pH 至 7.4，测定 pH 可用 pH 试纸或酸度计（营养琼脂 pH 为 7.2，配制时一般比要求的 pH 高出 0.2，因为高压灭菌后 pH 常降低 0.2）。

④ 过滤。用滤纸过滤（如液体清亮，可省略此步）。

⑤ 分装与包扎。将培养基分装于试管或三角瓶中，分装可用漏斗或吸管进行，分装时不要使培养基黏附于瓶口或试管口，以免造成污染。分装完后塞上棉塞并包扎好。

⑥ 灭菌。121℃灭菌 15 ~ 20 min。

⑦ 无菌检查。灭菌后的培养基，需要进行无菌检查。最简便的方法为取 1 ~ 2 管（瓶）灭菌后的培养基，置于 37℃温箱中培养 1 ~ 2 d。如果培养基中没有菌落或者异物产生，即说明无菌，方可使用。

（2）营养琼脂

① 称量。按营养琼脂配方称取除琼脂外的各组分，共置于烧杯中。

② 溶解，调 pH，过滤。同营养肉汤。

③ 溶解琼脂。按 2% 的量称取并加入琼脂粉，继续加热至琼脂完全溶解（加热过程中要不断搅拌以防琼脂沉淀和溢出杯外），补足因加热蒸发失去的水分。

④ 分装与包扎。根据需要趁热分装于试管或三角瓶中，并包扎好。

⑤ 灭菌。同营养肉汤。灭完菌后，如需要做斜面固体培养基，则应趁热立即摆成斜面，待凝固后备用。

⑥ 无菌检查。同营养肉汤。

（三）真菌常用培养基配制实验

1. 实验说明

真菌对营养物质的要求不严格，一般应含较多量的糖类，最适 pH 为 4 ~ 6。真菌培养常用的基本培养基有豆芽汁培养基和马铃薯蔗糖琼脂培养基。

2. 实验材料

（1）原料与药品

市售新鲜黄豆芽、马铃薯、蔗糖、琼脂。

（2）器材及其他

高压蒸汽灭菌锅、天平、吸管、试管、烧杯、量筒、三角瓶、试管架、电磁炉、不锈钢锅、漏斗、漏斗架、纱布、玻璃棒、记号笔等。

3. 方法步骤

（1）豆芽汁培养基

① 称量。按豆芽汁培养基配方称取黄豆芽、量取蒸馏水（或自来水），共置于不锈钢锅中。

② 煮汁与过滤。将锅放到电磁炉上，煮沸 30 min，用纱布过滤，并补足失去的水分。

③ 加糖。按 5% 的量加入蔗糖，搅拌使其溶解。

④ 分装，加塞，包扎。

⑤ 灭菌。115℃灭菌 30 min，无菌检查后备用。

（2）马铃薯蔗糖琼脂培养基

① 称量。按马铃薯蔗糖琼脂培养基配方称取马铃薯、蔗糖、琼脂，量取自来水放入不锈钢锅中。

② 煮汁。将洗净去皮的马铃薯切成 1 cm³ 的小块，放入锅内，置于电磁炉上加热，煮沸 10～20 min。

③ 过滤。用 4 层纱布过滤，并补足因加热蒸发失去的水分。

④ 融化琼脂。按 2% 的量分别加入蔗糖和琼脂，再置于电磁炉上加热煮沸，不断搅拌直至琼脂完全溶解，补足失去的水分。

⑤ 分装与包扎。根据需要趁热分装于试管或三角瓶中，并包扎好。

⑥ 灭菌。115℃灭菌 30 min，无菌检查后备用。

（四）选择性培养基配制实验

1. 实验说明

选择性培养基根据微生物的特殊营养要求或者在培养基中加入某些化学物质抑制不需要的微生物生长，可以达到从混杂微生物中分离出所需微生物的目的，广泛用于菌种筛选等领域。选择性培养基有加富性选择培养基和抑制性选择培养基两种。

阿什比（Ashby）无氮培养基属于加富性选择培养基。该培养基中只含有基本的碳源和无机盐，没有氮源，一般的细菌不能在此培养基上生长，一些固氮的细菌可以利用空气中的氮气作为氮源，在此培养基上生长，从而达到分离固氮菌的目的。

马丁（Martin）培养基属于抑制性选择培养基。该培养基中的孟加拉红和链霉素主要是细菌和放线菌的抑制剂，对真菌无抑制作用，因而真菌在这种培养基上可以得到优势生长，从而达到分离真菌的目的。

2. 实验材料

（1）原料与药品

甘露醇、磷酸二氢钾、七水硫酸镁、氯化钠、葡萄糖、蛋白胨、琼脂、孟加拉红、链霉素等。

（2）器材及其他

高压蒸汽灭菌锅、天平、吸管、试管、烧杯、量筒、三角瓶、试管架、电磁炉、称量纸、玻璃棒、记号笔等。

3. 方法步骤

（1）阿什比无氮培养基

① 称量。按阿什比无氮培养基配方称取甘露醇、磷酸二氢钾、七水硫酸镁、氯化钠、二水硫酸钙和碳酸钙，共置于烧杯中。

② 溶解。先加水适量，再加热使其溶解。

③ 溶解琼脂。按 2% 的量称取并加入琼脂粉，继续加热至琼脂完全溶解，补足因加热蒸发失去的水分。

④ 分装与包扎。根据需要趁热分装于试管或三角瓶中，并包扎好。

⑤ 灭菌。115℃灭菌 30 min，无菌检查后备用。

（2）马丁培养基

① 称量。按马丁培养基配方称取葡萄糖、蛋白胨、磷酸二氢钾、七水硫酸镁、孟加拉红，共置于烧杯中。

② 溶解。先加水适量，再加热使其溶解。

③ 溶解琼脂。按 2% 的量称取并加入琼脂粉，继续加热至琼脂完全溶解，补足因加热蒸发失去的水分。

④ 分装与包扎。根据需要趁热分装于试管或三角瓶中，并包扎好。

⑤ 灭菌。115℃灭菌 30 min，无菌检查后备用。

⑥ 链霉素的加入。临用时，将培养基融化后待温度降至 45℃左右时，在 100 mL 培养基中加入 1% 链霉素溶液 0.3 mL，使每毫升培养基中含链霉素 30 μg。

(五) 鉴别性培养基配制实验

1. 实验说明

鉴别性培养基中加入了某些能与目的菌无色代谢产物发生显色反应的指示剂，因此通过肉眼辨别颜色就能从近似菌落中找出目的菌菌落。常见的鉴别培养基有伊红亚甲蓝乳糖培养基、麦康凯培养基和亚硫酸铋培养基等。

伊红亚甲蓝乳糖培养基，因含乳糖，可被大肠菌群利用产酸，使大肠菌群菌体带 H^+，进而与伊红和亚甲蓝两种染料结合，使菌落染上深紫色，起到将大肠菌群与其他细菌区别开来的作用。

麦康凯培养基中的结晶紫和胆盐可抑制 G^+ 菌的生长，但大肠杆菌和沙门菌的生长不受影响，且它们可发酵乳糖产酸使培养基变成酸性，进而使其菌落呈红色，而不发酵乳糖的细菌菌落没有颜色的变化，因此该培养基可用于鉴别肠道致病菌。

亚硫酸铋培养基中的煌绿和亚硫酸钠能抑制大肠杆菌、变形杆菌和 G^+ 菌的生长，但对伤寒、副伤寒沙门菌等的生长没有影响。伤寒沙门菌及其他沙门菌能利用葡萄糖，将亚硫酸盐还原成硫化物并与硫酸亚铁反应使得菌落呈黑色，此外还可把铋离子还原成金属铋，使菌落呈现金属光泽，从而使沙门菌得到分离。

2. 实验材料

(1) 原料与药品

蛋白胨、乳糖、磷酸氢二钾、伊红 Y、亚甲蓝、胰蛋白胨、亚硫酸铋、硫酸亚铁、磷酸氢二钠、葡萄糖、胆盐、胨、氯化钠、琼脂等。

(2) 器材及其他

高压蒸汽灭菌锅、天平、吸管、试管、烧杯、量筒、三角瓶、试管架、电磁炉、称量纸、玻璃棒、记号笔等。

3. 方法步骤

(1) 伊红亚甲蓝乳糖培养基

① 称量。按伊红亚甲蓝乳糖培养基配方称取蛋白胨、磷酸氢二钾，共置于烧杯中。

② 溶解。先加水适量，再加热使其溶解。

③ 调 pH。用 1 mol/L 的 NaOH 溶液或 1 mol/L 的 HCl 溶液调 pH 至 7.2。

④ 溶解琼脂。按 2% 的量称取并加入琼脂粉，继续加热至琼脂完全溶解，补足因加热蒸发失去的水分。

⑤ 分装与包扎。根据需要趁热分装于三角瓶中，并包扎好。

⑥ 灭菌。 115℃灭菌 30 min，无菌检查后备用。

⑦乳糖、伊红和亚甲蓝的加入。临用时加入乳糖并加热熔化琼脂，冷却至50～55℃时，按每100 mL 培养基加入2 mL 2%的伊红溶液和1.3 mL 0.5%的亚甲蓝溶液。

（2）麦康凯培养基

①称量。按麦康凯培养基配方称取蛋白胨、胆盐和氯化钠，共置于烧杯中。

②溶解。先加水适量，使各物质溶解。

③调pH。用1 mol/L 的NaOH 溶液或1 mol/L 的HCl 溶液调pH 至7.2。

④溶解琼脂。将琼脂加入600 mL 蒸馏水中，加热溶解后与上述溶液混合，并补足水分。

⑤分装与包扎。根据需要趁热分装于三角瓶中，并包扎好。

⑥灭菌。115℃高压灭菌30 min 备用。

⑦乳糖、结晶紫、中性红的加入。临用时加热熔化琼脂，趁热加入乳糖，冷却至50～55℃时，按每100 mL 培养基加入1 mL 0.01%的结晶紫溶液和0.5 mL 0.5%的中性红水溶液，摇匀后倾注平板。

注：结晶紫及中性红水溶液配好后须经高压灭菌。

（3）亚硫酸铋培养基

①称量。按亚硫酸铋培养基配方称取蛋白胨、牛肉膏、葡萄糖、硫酸亚铁、磷酸氢二钠，共置于烧杯中；称取柠檬酸铋铵和亚硫酸钠置于另一烧杯中。

②溶解。两个烧杯中均加水适量，使各物质溶解。

③溶解琼脂。按2%的量称取琼脂粉，并用适量水加热至琼脂完全溶解后冷却至80℃。

④煌绿的加入。将上述三液合并，并补充水至1 000 mL，并用1 mol/L 的NaOH 溶液或1 mol/L 的HCl 溶液调pH 至7.2～7.7，加0.5%的煌绿水溶液5 mL，摇匀，冷却至50～55℃，倾注平板。

注：此培养基不需要高压灭菌。制备过程不宜过分加热，以免降低其选择性。应在临用前一天制备，储存于室温下暗处，超过48 h 不宜使用。

二、微生物处理技术：消毒、灭菌与除菌技术

在微生物学工作中，对接种室和培养室进行消毒，对培养基和器皿彻底灭菌是防止杂菌污染、确保工作顺利进行的基本技术之一，也是保证科研和生产正常进行的关键措施。所谓消毒，是指采用物理或化学方法杀死物体表面和内部的有害微生物，是一种常用的卫生措施。所谓灭菌，是指用物理或化学方法杀灭物体上所有的微生物，故经过灭菌后的物体是无菌的。

目前，消毒与灭菌的方法很多，有加热法、过滤法、紫外线辐射法、化学药剂处理法等。人们可根据微生物特点、待处理材料特性、实验目的和要求选择消毒和灭菌的具体方法。

此外，在微生物学实验和实际生产中，也常常用到除菌，除菌是用机械方法（如过滤、离心分离、静电吸附等），除去液体或气体中的微生物，从而达到无菌净化的目的。本节将以实验的形式阐述微生物的消毒、灭菌与除菌技术。

（一）加热及紫外线消毒与灭菌实验

1. 实验说明

加热可使菌体蛋白变性、酶失活，从而达到灭菌的目的。加热灭菌可分为干热灭菌和湿热灭菌两类。在相同温度下湿热灭菌比干热灭菌效果好，这是因为在湿热条件下蒸汽穿透力强；菌体吸收水分，蛋白质易变性；热蒸气与较低温度的物体表面接触可凝结为水并放出潜热，这种潜热能迅速提高灭菌物体的温度。

紫外线灭菌是利用人工制造的能辐射出 254 nm 波长紫外线的专用灯进行的。其灭菌作用的机理主要是使 DNA 链上形成胸腺嘧啶二聚体和胞嘧啶水合物，阻碍 DNA 的复制。另外，空气在紫外线辐射下被氧化生成的 H_2O_2 和 O_3 也有灭菌作用。紫外线穿透能力弱，一般只用于空气和物体表面的消毒和灭菌。

2. 方法步骤

（1）加热消毒与灭菌

① 干热灭菌法

第一，火焰灭菌法。直接利用火焰灼烧使微生物死亡，这种方法灭菌彻底、迅速，适用于一般金属器械、试管口、三角瓶口的灭菌以及带有病原菌的一些物品或带有病原菌的动植物体的彻底灭菌废弃处理。

第二，干燥加热空气灭菌法。将空气加热到 140～160℃，保持 1～3 h 可杀死所有的微生物。可利用电烘箱进行，常用于一些玻璃器皿、金属及其他干燥耐热物品的灭菌。

② 湿热灭菌法

第一，煮沸灭菌法。将需灭菌的物品放入水中煮沸，温度接近 100℃，保持 15～20 min，可杀死微生物营养体。若要杀死芽孢，则需煮沸很长时间。本方法适用于可以浸泡在水中的物品的灭菌。

第二，间歇灭菌法。采用连续 3 次的常压蒸汽灭菌，以达到杀死微生物营养体和芽孢的目的。先将需灭菌的物品放在 100℃ 的条件下维持 30～60 min，以杀死微生物的营养体。然后取出置于 30℃ 条件下培养 1 d，使芽孢萌发成营养体，次日再以同样方法处理，连续进行 3 次灭菌，可杀死所有营养体与芽孢。这种方法适用于不宜高压灭菌的物质，某些需要高压蒸汽灭菌的材料在缺少高压蒸汽灭菌设备时也可采用。

第三，巴氏消毒法（也称巴氏灭菌法）。此方法是巴斯德最先提出来的。一些食品在高温作用下会使其营养和色、香、味受到损害，因而不宜用较高的温度灭菌，可采用巴氏消毒法，即采用较低的温度处理，以达到消毒或防腐、延长保藏期的目的。消毒温度为 62～63℃，时间为 30 min，或 71℃下 15 min，可以杀死材料中的病原菌和一部分微生物的营养体。

第四，高压蒸汽灭菌法。使用密闭的高压蒸汽灭菌锅，通过加热使容器内的水受热产生水蒸气，由于容器密闭蒸汽不能外溢，因而使蒸汽压力不断增大，蒸汽温度也随之增高，因此可以提高杀菌力，并缩短灭菌时间。该方法是最为有效且广泛应用的灭菌方法，常用于培养基、无菌水以及耐高温的物品和不适宜干热灭菌的物品等，食品加工中也常用此法。实验室中对一般培养基和无菌水常采用 121℃，维持 20 min 灭菌。如果培养基中含有不耐高温的成分，则应采用 112～115℃，维持 20 min 灭菌。对蒸汽不易穿透的物质如土壤等则应提高压力并延长灭菌时间。

下面以手提式高压蒸汽灭菌锅为例说明其使用方法。

第一步，加水。将盖子打开并把内筒拿出，然后向灭菌锅内加水，使水面达到内筒底座。

第二步，装入待灭菌物品。将内筒放入灭菌锅，然后把待灭菌物品装入内筒，不要太紧太满，并留有间隙，以利蒸汽流通。盖好盖后，将螺旋旋紧。注意要同时对称地旋紧两边螺旋，否则盖子不易盖严，会造成漏气现象。

第三步，加热和排气。接通电源后即可打开排气阀，继续加热，待锅内水沸腾后有大量蒸气排出时，维持 5 min，使锅内和灭菌物容器中的冷空气完全排净；也可在接通电源加热后，待压力表上升至 0.025 MPa 时，打开排气阀，放出锅内空气，将冷空气排净。如果排气不彻底造成表压和温度不相符，会降低灭菌效果。

第四步，升压保压力。排气完毕后关闭排气阀使锅内压力逐渐升高，待压力升高到 0.1 MPa 时，维持 20 min 即可达到灭菌要求。

第五步，降压与排气。维持时间达到要求后应停止加热，使其自然冷却，此时切勿急于打开排气阀。因为如果压力骤降，会导致培养基剧烈沸腾而冲掉或污染棉塞。待压力降至接近大气压时，再打开排气阀。

第六步，出锅。排气完毕后即可松开盖上螺旋打开盖子，此时可不必急于取出灭菌物品，待 15～20 min，等锅中余热将棉塞防潮纸烘干后，再将锅内灭菌物品取出。

灭菌温度过高常对培养基造成以下不良影响。

第一，出现混浊和沉淀。天然培养基成分沉淀出大分子多肽聚合物，培养基中

的 Ca^{2+}、Mg^{2+}、Fe^{3+}、Cu^{2+} 等阳离子与可溶性磷酸盐共热形成沉淀。

第二，营养成分破坏。当酸度较高时，淀粉、蔗糖、乳糖及琼脂易水解，pH 7.5、0.1 MPa 灭菌 20 min，葡萄糖破坏 20%、麦芽糖破坏 50%。若培养基中有磷酸盐，葡萄糖会转变成酮糖类物质，培养液由淡黄色变为红褐色，破坏更为严重。

第三，pH 下降。培养基高温灭菌后 pH 会下降 0.2 ~ 0.3。

3. 紫外线消毒与灭菌

（1）紫外灯的安装

紫外灯距离照射物体以不超过 1.2 m 为宜，每 10 ~ 15 m² 面积可设 30 W 紫外灯一个。紫外线对人体有害，可灼伤眼结膜、损伤视神经，对皮肤也有刺激作用，所以不能在开着的紫外灯下工作。为了阻止微生物的光复活，也不宜在日光下或开着日光灯、钨丝灯的情况下进行紫外线灭菌。

（2）紫外灯照射

打开紫外灯开关，照射 30 min 后将灯关闭。

（3）检查紫外线灭菌效果

关闭紫外灯后，在不同的位置各放一套灭过菌的牛肉膏蛋白胨琼脂平板和麦芽汁琼脂平板，打开皿盖 15 min，然后盖上皿盖，分别倒置于 37℃恒温箱中培养 24 h 和 28℃恒温箱中培养 48 h。若每个平板内菌落不超过 4 个，表明灭菌效果较好；若超过 4 个，则需延长照射时间或采用与化学消毒剂联合杀菌的方法，即先用喷雾器喷洒 3% ~ 5% 的石炭酸溶液，或用浸蘸 2% ~ 3% 的来苏尔溶液的抹布擦洗接种室内墙壁、桌面及凳子，然后开紫外灯。

（二）过滤除菌实验

1. 实验说明

过滤除菌是利用一些比细菌更小孔径的过滤介质，待滤液或气体通过时将细菌类微生物截留，从而达到除菌的目的。过滤除菌适用于一些对热不稳定的液体材料（如血清、酶、毒素、疫苗、噬菌体等），也适用于各种高温灭菌易遭破坏的成分（如维生素、抗生素、氨基酸等），还适用于除去空气中的细菌及真菌类微生物。滤菌器分液体滤菌器和空气滤菌器。

2. 实验器材

蔡氏滤菌器、玻璃滤菌器、滤膜滤菌器、抽滤瓶、真空泵等。

3. 实验内容

（1）液体滤菌器的类型

液体滤菌器依据介质可分硅藻土滤菌器、玻璃滤菌器、素磁滤菌器、滤膜滤菌器、蔡氏滤菌器。每种滤菌器又依过滤孔径大小分成不同型号及规格。下面介绍几种常用的滤菌器。

①滤膜滤菌器。滤膜用醋酸纤维酯和硝酸纤维酯的混合物制成，具有 0.15～10 μm不同的孔径。除菌过滤可用 0.2 μm 的滤膜，大孔径的滤膜可用于澄清。

该滤菌器是用聚碳酸酯和聚丙烯制成的，分上、下两节，耐热，可经高压蒸汽灭菌。滤膜放在下节筛板上，然后把上节放上拧紧，使滤膜平夹在上、下两节滤器之间，两节滤器上各连接上、下导管。待过滤液自上导管注入，经滤膜由下导管流出，细菌就被截留在滤膜上。

②蔡氏滤菌器。由金属制成，呈漏斗状，中间嵌以石棉滤板，分上、下两节，使用时拆开滤菌器，将滤板放在下节的金属网上，再加上上节，用螺栓固定，将待过滤液置于滤器中抽滤。石棉滤板一般分为大孔径的 K 型，用以除去较大颗粒和杂质；较小孔径的 EK 型，用以除菌。使用蔡氏滤菌器时，每次应更换一块石棉滤板。

③玻璃滤菌器。外形如玻璃漏斗，其滤板是用均一的玻璃粉热压而成。国内产品按孔径大小分为 G1、G2、G3、G4、G5、G6 等型号。G1～G4 型的孔径为 5～200 μm，用于粗滤液澄清；G5 型的孔径为 1.5～2.5 μm，可部分除菌；G6 型的孔径小于 1.5 μm，用于过滤除菌。

④其他滤菌器。素磁滤菌器如 Chamberland（尚柏朗）滤菌器，硅藻土滤菌器如 Berkefeld（伯克菲尔德）滤菌器和 Mandler（曼德勒）滤菌器等。它们被制成滤棒状，俗称滤烛，缺点是滤速较慢。

（2）液体过滤除菌操作

①检查滤菌器。操作前应先检查滤菌器有无裂痕，玻璃滤菌器和滤烛滤菌器先用橡皮管与空压机连接，再将水放入滤菌器中，开空压机压入空气，若有大量气泡产生，表明滤菌器有裂痕，不能使用。蔡氏滤菌器和滤膜滤菌器，通常不用检查。

②清洗。新滤菌器应用清水洗净。玻璃滤菌器待干后，于其玻璃漏斗内装满硫酸重铬酸钾洗液，下接滤瓶，让洗液自然滴落至尽。随后加入 1 mol／L 的 NaOH 溶液，也任其自然滴落。此后用蒸馏水充分洗涤后，再装蒸馏水，并在下面的滤瓶上接抽气机，造成负压，使蒸馏水不断通过滤板。补加蒸馏水 5～6 次，直至滤出蒸馏水的 pH 与加入蒸馏水的 pH 相同，此时即可晾干。

③灭菌。将晾干的蔡氏滤菌器（或滤烛滤菌器、玻璃滤菌器）、抽滤瓶、收集滤液的试管、三角瓶（带棉塞、镊子等）分别用纱布和牛皮纸包好。采用滤膜滤菌器时，滤膜可单独灭菌，也可装在滤菌器中进行灭菌，另外，还需准备一支 10 mL 注射器，用纱布和牛皮纸将其包好。上述物品于 121℃下灭菌 20 min，烘干备用。

④组装。采用蔡氏滤菌器或滤膜滤菌器时，在超净工作台上以无菌操作用镊子

取出滤膜，安放在下节滤菌器筛板上，旋转拧紧上、下节滤菌器，将滤菌器与抽滤瓶连接（滤膜滤菌器不用连接抽滤瓶），用抽滤瓶上的橡皮管与水银检压计和安全瓶上的橡皮管相连，最后将安全瓶接于真空泵上。

⑤ 抽滤。将待过滤液注入滤菌器内，再开动真空泵，滤液收集瓶内压力逐渐降低，滤液流入收集瓶或抽滤瓶的无菌试管内，待滤液快抽完时，使安全瓶与抽滤瓶间橡皮管脱离，停止抽滤，关闭抽气装置。抽滤时一般以 0.013 ~ 0.027 MPa 减压为宜。

⑥ 取出滤液。在超净工作台上松动抽滤瓶口的橡皮塞，迅速将瓶中滤液倒入无菌三角瓶或无菌试管内。若抽滤瓶中已有试管，将盛有除菌滤液的试管取出，无菌操作加盖棉塞即可。若采用滤膜滤菌器，⑤⑥ 两步省略，用无菌注射器直接吸取待过滤液，在超净工作台上注入滤菌器的上导管，溶液经滤膜、下导管流入无菌试管内，过滤完毕后加盖棉塞。

⑦ 无菌检查。将移入无菌试管或无菌三角瓶内的除菌滤液，置于 37℃温箱中培养 24 h，若无菌生长，可保存备用。

⑧ 滤菌器使用后的处理。玻璃滤菌器和滤烛滤菌器使用后应立即用浓硫酸 – 硝酸钠洗涤液（相对密度为 1.84 的浓硫酸含 1% ~ 2% 硝酸钠）抽滤数分钟，再用蒸馏水抽洗，然后用 1∶1 氨水溶液抽洗，以中和其酸性，最后用蒸馏水彻底抽洗。当滤菌器沾染较多蛋白质时，应在清洗前置于 pH 为 8.5 的胰蛋白酶溶液中浸泡，37℃下消化 24 h 后，再抽洗。若使用蔡氏滤菌器和滤膜滤菌器，过滤后的滤膜和滤菌器需经高压蒸汽灭菌，灭菌后将滤膜丢弃，每次使用更换新的滤膜，滤菌器用流水淋洗干净。

（三）化学药物消毒与灭菌

1. 实验说明

化学药物根据其抑菌或杀死微生物的效应分为杀菌剂、消毒剂、防腐剂三类。杀死所有微生物及其孢子的药剂称杀菌剂；只杀死感染性病原微生物的药剂称消毒剂；只能抑制微生物生长和繁殖的药剂称防腐剂。三者界限往往难以区分，化学药剂的效果虽与处理时间长短和菌的敏感性有关，但主要取决于药剂浓度。大多数杀菌剂在低浓度下只起抑制作用或消毒作用。

2. 方法步骤

不同杀菌剂，有不同的用途和用法。下面介绍两种常用的空气熏蒸消毒法。

（1）甲醛熏蒸消毒法

① 加热甲醛。按熏蒸空间计算量取甲醛溶液，盛入小烧杯或白瓷坩埚内，用铁

架支好，在酒精灯内注入适量酒精。将室内各种需要消毒的物品准备妥当后，点燃酒精灯，关闭门窗，任甲醛溶液煮沸挥发，酒精灯最好能在甲醛蒸完后自行熄灭。

②氧化熏蒸。取甲醛用量一半的高锰酸钾于白瓷坩埚或玻璃烧杯内，室内准备妥当后，将甲醛溶液倒入盛有高锰酸钾的器皿内，立即关门。高锰酸钾是一种强氧化剂，当它与部分甲醛溶液作用时，由于氧化作用产生的热可使其余的甲醛溶液沸腾挥发为气体。甲醛溶液熏蒸后密闭保持 24 h 以上。

甲醛熏蒸对人的眼、鼻有强烈刺激作用，在相当时间内不能入室工作。

(2) 硫黄熏蒸消毒法

硫黄燃烧产生的 SO_2 遇水或水蒸气产生 H_2SO_3。SO_2 和 H_2SO_3 还原能力强，使菌体脱氧而致死，可用于接种室或培养室空气的熏蒸灭菌。硫黄用量一般为 $2 \sim 3$ g/m³。将其放在垫有废纸或火柴棍的白瓷坩埚或烧杯内，点火燃烧，密闭 24 h。硫黄燃烧前在室内墙壁、桌面、地面喷洒些水，使之产生 H_2SO_3，杀菌力增强。为了防止腐蚀金属，熏蒸前应将金属制品妥善处理。

检查熏蒸效果时，可在熏蒸消毒前后，于室内不同地方放置数个牛肉膏蛋白胨平板，打开皿盖 15 min，然后盖上。倒置 37℃恒温箱培养 24 h，每皿出现少于 4 个菌落表明消毒效果较好。

(四) 玻璃器皿的洗涤、包扎与灭菌

1. 实验说明

清洁无菌的玻璃器皿是得到正确实验结果的重要条件之一。新购置的以及用过的玻璃器皿在实验前都需经过洗涤、干燥、包扎及灭菌处理，而后才能使用。

2. 实验材料

干燥箱、各种玻璃器皿、棉花、纱布等。

3. 方法步骤

(1) 玻璃器皿的洗涤

新购置的玻璃器皿中含有游离碱，应先用 2% 的 HCl 溶液或洗液浸泡数小时，再用水冲洗干净。新的载玻片先浸入 2% 的 HCl 溶液中和一段时间，再用水洗净，以软布擦干后浸入含有 2% 的 HCl 溶液的 95% 的酒精中，保存备用。已用过的带有活菌的载玻片可先浸于 5% 的石炭酸溶液中消毒 1 h 或将其放入锅内，加适量洗衣粉煮沸消毒，再用水冲洗干净，擦干后浸于含有 2% 的 HCl 溶液的 95% 的酒精中备用。用时取出在火焰上烧去酒精即可。

常用的三角瓶、培养皿、试管、玻璃漏斗、烧杯等，可用毛刷蘸上去污粉或肥皂洗去灰尘、油垢和无机盐类等物质，然后用自来水冲洗干净。少数实验要求较高的器皿，可先放在洗液中或2%的HCl溶液中浸泡数十分钟，再用自来水冲洗，最后用蒸馏水冲洗2～3次，以水在内壁均匀分布成一薄层而不出水珠为油垢除尽的标准。洗刷干净的玻璃器皿倒置烘干或自然干燥后备用。移液管和滴管细口端朝上倒置于铝制盒内，放入100℃干燥箱内，烘干其中的水分备用。

用过的器皿应立即洗涤，放置时间过久会增加洗涤难度。染菌的玻璃器皿，应先用高压蒸汽灭菌，趁热倒出器皿内培养物，再用热水和肥皂洗刷干净，用水冲洗。带菌的移液管或滴管应立即放入盛有5%的石炭酸溶液的高筒玻璃标本缸内浸泡数小时（缸底部应垫上玻璃棉以防移液管及滴管顶端损坏），再放入洗液中浸泡数小时，用自来水冲洗后再用蒸馏水冲洗干净。

凡加过植物油等消泡剂的三角瓶或大容量培养瓶以及吸取过油的滴管，洗涤前应尽量除去油腻，可用10%的NaOH溶液浸泡0.5 h或放在5%的苏打液（NaHCO₃溶液）内煮两次，去除油污，再用洗涤灵和热水洗涤。

用矿物油封存过的斜面或液状石蜡油加盖的厌氧菌培养试管或三角瓶，洗涤前应先在水中煮沸或高压蒸汽灭菌，然后浸泡在汽油中使黏附于瓶壁上的矿物油溶解，将汽油连同溶解物倒出，待汽油自然挥发后，按新购置的玻璃器皿处理方法进行洗涤。沾有凡士林的玻璃器皿，洗涤前先用酒精或丙酮浸泡过的棉花擦去油污，然后用干布擦净后再行洗涤。

（2）玻璃器皿的包扎

移液管应在后部管口处用铁丝塞入棉花少许（长1～1.5 cm），以防将菌液吸出，同时也可避免将外面的微生物吹入。棉花要塞得松紧适宜，以吹时能通气但不使棉花滑下为准。然后将移液管尖端放在4～5 cm宽的长纸条一端呈45°，折叠纸条包住尖端，用左手捏住管身，右手将吸管压紧，在桌面上向前滚动，以螺旋式包扎起来，上端剩余纸条折叠打结准备灭菌。也可将较多的吸管一起放入金属制圆筒中进行灭菌。培养皿先配套，每套单独或几套一起用纸包装，也可直接放入铁皮箱中盖上盖子灭菌。

试管和三角瓶装入培养基后，需在口上塞上棉塞，目的是过滤空气避免污染。棉塞不宜过紧或过松，塞好后以手捏棉塞提起，试管或三角瓶不脱离为准；棉塞2/3在管内或瓶内，上端露出管口少许，便于拔塞。也可用金属或塑料试管帽代替棉塞，直接盖在试管口上。塞好棉塞或盖好管帽后还需用防潮纸（牛皮纸）将棉塞连同管口一起包起来，可用一张防潮纸同时包扎几支试管，并用细绳捆扎，避免灭菌时冷凝水淋湿棉塞，并防止接种前培养基水分散失。在包装纸外面注明培养基名称及配制日期。三角瓶的棉塞外还应包一层纱布，再塞在瓶口上。有时为了加大通气量，可用8层纱布代替棉塞包在瓶口上，也可用无菌培养容器封口膜封口，既可保证良好通气、过滤除菌，又便于操作。最后再用防潮纸将其包好并用线绳捆好，准备灭菌。

（3）玻璃器皿的灭菌

玻璃器皿的灭菌多采用干热灭菌即利用烘箱进行灭菌。先把灭菌的物品放入烘箱中，将箱内温度升到160~170℃维持1~2 h，即可达到灭菌目的；温度超过180℃时，玻璃器皿上的棉塞及外包纸张会被烤焦着火。在降温时要缓缓进行，以免玻璃破裂，待温度降到80℃时，才能打开烘箱的门，切勿过早打开。

装有培养基或水的瓶皿及其他不适宜干热灭菌的物品（如橡皮管、橡皮手套等）均可采用高压蒸汽灭菌法灭菌。

第三节　微生物的培养、分离与保藏

一、微生物培养技术

微生物培养技术是能满足微生物营养和某些环境条件，使微生物迅速生长增殖，表现其生理作用或产生某种代谢产物的操作技术。培养微生物因种类和目的不同，采用的培养基成分、性状和培养条件亦异。

（一）移植与接种

移植系指从一培养物（原种培养）移种于新培养基上，目的为得到继代培养。接种系指挑取被检材料移植于培养基或活体之上，泛指在无菌条件下，用接种环、接种针、移液管或滴管等接种工具，把微生物转移到培养基或其他基质上，这是微生物学重要的基本操作。根据实验目的的不同，接种方式有划线、穿刺和点接等。接种时通常应在无菌室或超净工作台上进行，应严格注意无菌操作。

通常将保藏的某菌种移植在斜面或液体培养基中扩大后，用以接种新的培养基，使获得大量生长，发生某种生理作用或产生某种代谢产物。细菌和酵母菌用对数生长期的细胞作母种接种在新的培养基中，可缩短滞留适应期，提早以对数生长速度增殖。接种量在培养基中达到一定生长量所需的时间短。真菌和放线菌通常以孢子期作原种保藏，用孢子接种使发育成菌丝体后，用菌丝体接种新的培养基。

由于各类微生物的生活习性不同，也因培养目的不一，常选用不同的培养方法。

（二）表面培养

好气性和兼嫌气性微生物在固体培养基平皿表面生长形成菌落或在斜面上形成菌苔，以及在液体培养基表面形成菌膜或菌环等形态结构，观察它们的生长习性和比较它们的生长速度和生长量。在分离和纯化这些微生物种时，常用系列稀释的菌液接种琼脂培养基，倾注平皿后，在培养基表面发育分散的菌落中，挑取单菌落进行分离和纯化，也可计数平皿表面菌落数，乘稀释倍数，计算原菌液中的活菌数。在保藏菌种时，则常在琼脂培养基的斜面上接种，经培养，使长出丰满的菌苔后保藏。

(三) 液体振荡培养

好气性或兼嫌气性微生物在浅层液体培养基中，通过机械振荡增加培养液的通气量，以便获得足够的氧和均匀地接收营养物质而迅速生长繁殖，可满足扩大菌种、增加生长量的需要，也用于代谢生理的研究、分析和提取代谢产物。

(四) 液体深层培养

液体深层培养是以获得大量发酵产物为目的的发酵罐大容量液体培养，是发酵工业生产的基本培养方法。对嫌气性细菌如丁醇丙酮梭菌，保持发酵罐中深层培养液的缺氧条件，调节培养液的 pH 和温度，使丁醇丙酮梭菌在嫌气环境中能迅速生长，发酵淀粉和糖类产生丁酸和丙酮。对好气性和兼嫌气性微生物，则开动发酵罐的通气和搅拌装置，将压缩在储气罐内经过滤除菌后的空气通入发酵罐内，以控制空气流量，调节罐内培养液中的供氧量。一方面保持微生物生长发育所需的适量氧气；另一方面也利用压缩空气的流入而使培养液翻搅，上下混合，均匀分布，营养物质促使细菌迅速生长，增加生物量，产生大量代谢产物。

二、微生物的分离技术

现有的环境微生物种类繁多，总数庞大，针对不同的微生物对能量、营养和理化条件的需求不同 (包括各因子的种类和浓度不同)，对现有培养基进行适当的优化改造可以用于新的微生物的分离培养。微生物分离培养技术在微生物环境功能的研究、代谢途径的阐明、特定功能的验证及基础实验和生产实践的应用等方面发挥着重要作用。

(一) 定义

微生物的分离是根据微生物的特性和生长特点，模拟微生物的生态环境，以不同的培养基和培养条件对微生物进行分离、纯化的过程。目前自然界中只有极少部分微生物能够得到分离与培养，这严重阻碍了对微生物生命活动规律的研究和微生物资源的开发。需要改进传统的分离与培养方法，采用新型分离与培养技术，提高微生物可培养性，大量培养自然界中存在的微生物，从而更全面、准确地了解微生物细胞的生命规律、获悉微生物群落中各种微生物之间的动态相互作用和相互协调的规律，对环境微生物工艺进行准确的设计、精细的调控和高效的利用。

（二）培养方法

微生物平板培养方法是一种传统的实验方法。这种方法主要使用不同营养成分的固体培养基对土壤中可培养的微生物进行分离培养，然后根据微生物的菌落形态及其菌落数来分析微生物的数量及其类型。

平板稀释法是进行土壤微生物分离培养的常用方法，一般分为稀释、接种、培养、计数等几个步骤。然而，这种方法也存在不少缺陷，主要表现在固体培养基的选择和实验室培养条件等方面的限制上。

（三）应用

1. 原因

对微生物进行常规培养时，由于生活条件的改变，有些微生物不能适应而死亡，另一些则通过产生孢子进入休眠状态或改变细胞形态，进入维持一定代谢活性但不生长繁殖的"活的非可培养态"，结果均表现为微生物的"不可培养性"。

① 采用高浓度的营养基质。最初对微生物的培养是在富含营养的培养基中进行的，但是由于自然界中微生物数量庞大，其可利用的营养物质极度匮乏，多数处于"贫营养"状态。常规纯培养对这种认识不充分，通常将寡营养微生物迅速置于富营养状态，微生物初期的快速生长会产生大量的、微生物自身难以调节的过氧化物、超氧化物和羟基自由基等"毒性氧物质"，该类物质快速、过量地积累会破坏细胞内膜结构导致细胞死亡，从而表现出微生物的不可培养性。

② 实验室中无法完全模拟自然界的环境条件。由于目前监测技术和手段的限制，人们对微生物生存环境和自然条件了解尚不充分。因此，人们无法完全模拟微生物的自然生存条件，而通常将培养条件进行简化：将微生物置于恒温、恒湿、黑暗等环境中；将微生物限制在"板结"的琼脂或不扰动的液体介质中；简化微生物的营养组成，没有提供微生物生长繁殖所必需的某些化学物质；等等。所以在自然界中可以生长繁殖的微生物，在"纯培养"中生长条件得不到满足，从而导致了微生物的不可培养性。

③ 环境微生物之间的相互关系被忽略。微生物相互关系繁多复杂。种间的偏利共生关系和互惠共生关系，两者的共性是至少一个群体提供另一些群体所需的生长因子而使微生物群体获利；群体感应，这种关系被认为是通过细菌间的信息交流来调控细菌的群体行为：细胞通过感应一种胞外低分子量的信号分子来判断菌群密度

和周围环境的变化，从而调节相应的细菌表达以调节细菌的群体行为。以上两种关系都是微生物生长所必需的。

④ 生长缓慢的微生物被忽视。环境中很多微生物聚集生长，当将这些微生物接种至培养基时，适合生长的微生物由于生长快而占据优势地位，它们对营养成分的大量摄取使生长缓慢的微生物得不到充足营养而受到抑制。

2. 措施

① 减轻毒性氧物质的毒害作用：由于常规培养方法使用的高浓度营养基质不利于微生物生长，适当降低营养基质的浓度可以减弱这种不利影响。低浓度基质的培养基培养出的细菌在数量和种类上均多于高浓度基质的培养基，但营养浓度过低时反而会使培养出的微生物数量下降。

② 维持微生物间的相互作用：在培养基中加入微生物相互作用的信号分子就可简单模拟微生物间的相互作用，满足微生物生长繁殖的需求。

③ 供应新型的电子供体和受体：不同微生物的代谢过程不同，因此对反应底物的要求也不尽相同。供应微生物需要的特有底物有助于新陈代谢反应的进行以及微生物的正常生长。大量的研究表明，将新颖的电子供体和受体应用到微生物培养中，能够发现未知的生理型微生物。

④ 分散微生物细胞：自然界中很多微生物聚集生长，形成"絮体"和"颗粒"等，使其内部的微生物不易被培养。对"絮体"和"颗粒"进行适度的超声处理，将细胞分散再进行培养，可以使更多的微生物接触培养基而得到培养。

⑤ 延长培养时间：对"寡营养菌"的培养，可适当延长培养时间，使其能长至肉眼可见的尺度。当然，培养时间不能无限增长，因为培养时间越长，对培养环境的无菌要求就越高。

⑥ 利用琼脂替代物：琼脂对某些微生物具有毒性，采用无害且凝结作用较好的替代物质作为培养基固化剂，可以增强微生物的可培养性。

三、开发新型分离

(一) 稀释培养法和高通量培养法

在地球上，海洋环境中迄今可培养微生物的比例最低，仅为 0.001% ~ 0.1%，这是由于海洋环境中主要是寡营养微生物，它们在人工培养时往往受到少数优势生长的微生物的竞争作用而不能生长。

1. 扩散盒培养法

扩散盒由一个环状的不锈钢垫圈和两侧胶连的 0.11 μm 滤膜组成，滤膜只允许培养环境中的化学物质通过而不允许细胞通过。

2. 细胞包囊法

将海水和土壤样品中的微生物先进行类似稀释培养法的稀释过程，然后乳化，部分微生物就形成了仅含单个细胞的胶状微滴。然后将胶状微滴装入层析柱内，使培养液连续通过层析柱进行流态培养。层析柱进口端用 $0.11\mu m$ 滤膜封住，防止细菌进入污染层析柱；出口端用 $8\mu m$ 滤膜封住，允许培养产生的细胞随培养液流出。该方法的特点是让微生物在开放式培养液中生长，使培养环境接近于微生物的自然生长环境，能够很好地提高微生物的可培养性，但成本较高，不利于普及使用。

(二) 序列引导分离技术

序列引导分离技术是根据微生物基因组中特定基因的特异性序列，设计引物或杂交探针，以培养物中目标序列存在和变化情况为标准，来指导对微生物最优培养条件的选择，培养出新的微生物。

微生物的接种与分离培养是微生物学研究和发酵生产中重要的基本操作技术。

四、微生物菌种保藏技术

(一) 定义

菌种保藏（culture preservation, culture collection）是指保持微生物菌株的生活力和遗传性状的技术。目的在于使从自然界分离到的野生型或经人工选育得到的变异型纯种存活、不丢失、不污染杂菌、不发生或少发生变异，保持菌种原有的各种特征和生理活性。基本原理是使微生物的生命活动处于半永久性的休眠状态，也就是将微生物的新陈代谢作用限制在最低范围内。干燥、低温和隔绝空气是获得这种状态的主要措施。有针对性地创造干燥、低温和隔绝空气的外界条件，就是微生物菌种保藏的基本技术。常用的方法有冻干保藏法、深低温保藏法、液氮保藏法、矿油封藏法、固体曲保藏法、沙土管保藏法、琼脂穿刺保藏法等。日常工作中，常选用4℃冰箱进行短时间的菌种保藏。

(二) 目的

微生物在使用和传代过程中容易发生污染、变异甚至死亡，因而常常造成菌种的衰退，并有可能使优良菌种丢失。菌种保藏的重要意义就在于尽可能保持其原有性状和活力的稳定，确保菌种不死亡、不变异、不被污染，保持菌株优良性状不退化，保持优良菌株存活，以满足研究、交换和使用等诸方面的需要。

(三) 原理

菌种保藏有多种方法，其原理大多大同小异，主要是运用一些方式尽量降低微生物体内的代谢水平，达到延长寿命、减少变异的目的。通常采用的方法为低温、干燥、隔绝空气。

低温主要对菌种产生两方面的影响。首先，较低的温度可以减缓机体细胞的酶活性，降低新陈代谢，达到保藏菌种的目的。其次，低温会导致菌体诱发菌丝自溶机制，如果降温过程失误，同样会造成机体的机械损伤和溶质损伤。

微生物具有容易变异的特性，因此，在保藏过程中，必须使微生物的代谢处于最不活跃或相对静止的状态，才能在一定的时间内使其不发生变异而又保持生活能力。

低温、干燥和隔绝空气是使微生物代谢能力降低的重要因素，所以，菌种保藏方法虽多，但都是根据这三个因素而设计的。

(四) 材料

菌种：细菌、酵母菌、放线菌和霉菌。

试剂：肉膏蛋白胨斜面培养基，灭菌脱脂牛乳，灭菌水，化学纯的液体石蜡，甘油，五氧化二磷，河沙，瘦黄土或红土，冰块，食盐，干冰，95%的酒精，10%的盐酸，无水氯化钙。

仪器：灭菌吸管，灭菌滴管，灭菌培养皿，管形安瓿管，泪滴形安瓿管(长颈球形底)，40目与100目筛子，油纸，滤纸条(0.5 cm×1.2 cm)，干燥器，真空泵，真空压力表，喷灯，L形五通管，冰箱，低温冰箱(-30℃)，液氮冷冻保藏器。

(五) 具体方法

1. 传代培养保藏法

传代培养保藏法包括斜面培养、穿刺培养、庖肉培养基培养等，培养后于4~6℃冰箱内保存。

其中斜面培养法是将菌种接种在适宜的固体斜面培养基上，待菌充分生长后，棉塞部分用油纸包扎好，移至2~8℃的冰箱中保藏。保藏时间依微生物的种类而有不同，霉菌、放线菌以及有芽孢的菌种保存2~4个月，移种一次。酵母菌两个月，细菌最好每月移种一次。

此法为实验室和工厂菌种室常用的保藏法，优点是操作简单，使用方便，不需要特殊设备，能随时检查所保藏的菌株是否死亡、变异与污染杂菌等。缺点是容易变异，因为培养基的物理、化学特性不是严格恒定的，屡次传代会使微生物的代谢改变，而影响微生物的性状，污染杂菌的机会亦较多。

2. 液体石蜡覆盖保藏法

液体石蜡覆盖保藏法是传代培养的变相方法，能够适当延长保藏时间，它是在斜面培养物和穿刺培养物上面覆盖灭菌的液体石蜡，一方面可防止因培养基水分蒸发而引起菌种死亡，另一方面可阻止氧气进入，以减弱代谢作用。

本方法的原理是在长好的斜面菌上覆盖灭菌的液体石蜡，达到菌体与空气隔绝的目的，使菌处于生长和代谢停止状态，同时石蜡油还防止水分蒸发，在低温下达到较长期地保藏菌种的目的。保藏温度要求为 $-4 \sim 4$℃，液体石蜡法适用于不产生孢子的菌种。

具体的操作方法：

① 将液体石蜡分装于三角烧瓶内，塞上棉塞，并用牛皮纸包扎，1.05 kg/cm^2、121℃灭菌 30min，然后放在 40℃温箱中，使水汽蒸发掉，备用。

② 将需要保藏的菌种，在最适宜的斜面培养基中培养，以便得到健壮的菌体或孢子。

③ 用灭菌吸管吸取灭菌的液体石蜡，注入已长好菌的斜面上，其用量以高出斜面顶端 1 cm 为准，使菌种与空气隔绝。

④ 将试管直立，置于低温或室温下保存（有的微生物在室温下比在冰箱中保存的时间还要长）。

此法实用且效果好。霉菌、放线菌、芽孢细菌可保藏 2 年以上，酵母菌可保藏 1～2 年，一般无芽孢细菌也可保藏 1 年左右，甚至用一般方法很难保藏的脑膜炎奈瑟菌，在 37℃温箱内，亦可保藏 3 个月之久。此法的优点是制作简单，不需要特殊设备，且不需要经常移种。缺点是保存时必须直立放置，所占位置较大，且不便携带。从液体石蜡下面取培养物移种后，接种环在火焰上烧灼时，培养物容易与残留的液体石蜡一起飞溅，应特别注意。

3. 载体保藏法

载体保藏法是将微生物吸附在适当的载体，如土壤、沙子、硅胶、滤纸上，而后进行干燥的保藏法，例如沙土保藏法和滤纸保藏法应用相当广泛。

（1）沙土保藏法

第一步，取河沙加入 10% 的稀盐酸，加热煮沸 30 min，以去除其中的有机质。

第二步，倒去酸水，用自来水冲洗至中性。

第三步，烘干，用 40 目筛子过筛，以去掉粗颗粒，备用。

第四步，另取非耕作层的不含腐殖质的瘦黄土或红土，加自来水浸泡洗涤数次，直至中性。

第五步，烘干，碾碎，通过100目筛子过筛，以去除粗颗粒。

（2）滤纸保藏法

第一步，将滤纸剪成0.5 cm×1.2 cm的小条，装入0.6 cm×8 cm的安瓿管中，每管1~2张，塞以棉塞，1.05 kg/cm²、121℃灭菌30 min。

第二步，将需要保存的菌种在适宜的斜面培养基上培养，使其充分生长。

第三步，取灭菌脱脂牛乳1~2 mL滴加在灭菌培养皿或试管内，取数环菌苔在牛乳内混匀，制成浓悬液。

第四步，用灭菌镊子自安瓿管取滤纸条浸入菌悬液内，使其吸饱，再放回安瓿管中，塞上棉塞。

第五步，将安瓿管放入内有五氧化二磷作吸水剂的干燥器中，用真空泵抽气至干。

第六步，将棉花塞入管内，用火焰熔封，保存于低温下。

第七步，需要使用菌种，复活培养时，可将安瓿管口在火焰上烧热，滴一滴冷水在烧热的部位，使玻璃破裂，再用镊子敲掉口端的玻璃，待安瓿管开启后，取出滤纸，放入液体培养基内，置于温箱中培养。

细菌、酵母菌、丝状真菌均可用此法保藏，前两者可保藏2年左右，有些丝状真菌甚至可保藏14~17年之久。此法较液氮、冷冻干燥法简便，不需要特殊设备。

4. 寄主保藏法

寄主保藏法用于尚不能在人工培养基上生长的微生物，如病毒、立克次氏体、螺旋体等，它们必须在活的动物、昆虫、鸡胚内感染并传代，此法相当于一般微生物的传代培养保藏法。

5. 甘油管冷冻保藏法

甘油管冷冻保藏法是利用微生物在甘油中生长和代谢受到抑制的原理达到保藏目的。其方法是将80%的甘油高压蒸汽灭菌待用。将培养好的斜面菌种用无菌水制成高浓度的菌悬液。取1 mL灭菌甘油与菌液充分混匀，使甘油浓度为10%~30%，于-70℃下冻存。-20℃保存时间较短。或采用体积比为8：2的甘油-生理盐水，加入新鲜培养的菌体肉汤，混合均匀后于-20℃冰箱中保存。

该方法适用于一般细菌的保存，同时也适用于链球菌、弧菌、真菌等需要特殊方法保存的菌种，适用范围广，操作简便，效果好，无变异现象发生。甘油-生理盐水保存液保存菌种优于甘油原液，其原因可能是加入生理盐水适当降低了甘油的高渗作用，且有肉汤培养物适量增加了保存液的营养成分，从而更好地保护了待保存的菌株。

6.冷冻干燥保藏法

先使微生物在极低温度（-70℃左右）下快速冷冻，然后在减压下利用升华现象除去水分（真空干燥），其中真空冷冻干燥保藏法最常见。

真空冷冻干燥保藏法兼具低温、干燥、除氧三方面菌种保藏的主要因素，除不宜于丝状真菌的菌丝体外，对病毒、细菌、放线菌、酵母及丝状菌孢子等各类微生物都适用，不宜用冻干法保存的微生物占比不到2%。真空冷冻干燥保藏法是在低温下快速将细胞冻结，然后在真空条件下干燥，使微生物的生长和酶活动停止。为了防止在冷冻和水分升华过程中对细胞的损害，要采用保护剂来制备细胞悬液，使菌在冻结和脱水过程中起到保护作用的溶质，通过氢键和离子键对水和细胞所产生的亲和力来稳定细胞成分的构型。样品中的水分在冰冻状态下，抽真空减压，使冻结的冰直接升华为水蒸气，使样品干燥。干燥后的微生物在真空下封装，与空气隔绝，达到长期保藏的目的。

(六) 影响因素

1.菌的质量

保藏的菌种应培养在营养丰富的最适条件下，使之进入稳定期，稍老一些的菌体对环境抵抗力强。另外，作为冷冻干燥的菌悬液细胞浓度要高。不同的菌对冷冻干燥的耐受程度不同，如果保存的菌液细胞浓度不高，就会给以后传种带来困难，保存期也会受到影响。

2.保护剂

不同种类的保护剂对不同微生物的作用是不同的，如个别菌种在脱脂乳作保护剂的情况下死亡率高达99.99%，而采用葡聚糖等混合保护剂时死亡率大大降低。一般情况下，那些容易保存的菌种对保护剂的要求不是很严格，而不易保存的菌种对保护剂的要求却很苛刻。因此，选择好的保护剂是冷冻干燥保存菌种的关键因素。

3.干燥速度

实验表明，慢速干燥比快速干燥存活率高，如青霉菌6 h干燥存活率为67.3%，而3 h为59%。

4.空气的影响

冷冻干燥后空气对细菌细胞影响较大，可导致细胞损伤，进而死亡，故冻干后应立即在真空下融封，才有利于长期保存。

5.温度的影响

在干燥和真空状况下温度的影响远没有上述几项因素重要，因此可以在室温下保存，但许多微生物在4℃下保存的存活率比在室温下高1倍。

6. 含水量的影响

水分含量过高对菌存活不利，完全脱水也不利于保存，一般把干燥后的细胞含水量控制在 3% 以下（1%～3%）。

第四节　微生物精准检验技术概览

一、微生物精准检验技术的原理

微生物精准检验技术是现代生物学和医学领域的重要分支，它基于一系列复杂的原理和方法，实现对微生物的精确检测和鉴定。这些技术不仅有助于我们更深入地了解微生物的特性和行为，还为疾病诊断、食品安全、环境监测等领域提供了强有力的支持。

微生物精准检验技术的核心在于其独特的原理。微生物精准检验技术通常依赖于如 PCR（聚合酶链反应）、质谱和 NGS（高通量测序）等新技术，这些技术可以对病原体进行早期诊断和精确识别。

一种常用的技术是分子生物学技术，它依赖于 PCR 或其他分子生物学方法，以检测目标序列或基因。这种方法能够在一个反应中同时检测多种微生物，并且具有高度的特异性和灵敏性。其原理是通过特异性引物与目标 DNA 序列的结合，在热循环的条件下进行 DNA 复制，从而实现对目标微生物的扩增和检测。这种方法的优势在于其准确性和快速性，但也存在一些限制，比如需要高度纯净的 DNA 样品，且操作过程相对复杂。

NGS 技术通过将基因组 DNA 随机切割成小片段，然后构建文库、PCR 扩增等技术流程获得测序模板进行测序和数据分析。

另一种重要的技术是免疫学技术，其基本原理是通过特异性的抗原 – 抗体反应，刺激病原微生物产生抗原抗体反应物——免疫球蛋白，然后应用免疫放大技术使细菌得以检测和鉴定。这种方法包括免疫反应、免疫荧光反应、酶免疫反应、凝集反应等多种检验方法。在食品检验中，免疫技术因其高灵敏度和无须分离的特性而被广泛应用。例如，酶联免疫吸附法利用抗体对抗原的特异性识别，结合酶标记技术，实现对微生物的精准检测。

此外，仪器法也是微生物精准检验技术的重要组成部分。微型全自动荧光酶标分析仪和全自动微生物分析系统等技术手段的应用，使得微生物检测更为便捷和高效。这些仪器通常利用特定的生物化学反应或物理特性，实现对微生物的快速识别和计数。

虽然微生物精准检验技术已经取得了显著的进展，但仍然存在一些挑战和需要改进的地方。例如，如何提高检测技术的灵敏度和特异性，以减少假阳性和假阴性的出现；如何降低检测成本，使其更广泛地应用于实际生产和生活中；如何进一步简化操作步骤，提高检测效率等。

总的来说，微生物精准检验技术为我们提供了一种有效的手段来识别和检测微生物，对于保障人类健康、维护食品安全和生态环境具有重要意义。随着科学技术的不断进步，我们有理由相信，未来的微生物精准检验技术将更加成熟和完善，为人类社会的可持续发展提供更有力的支持。

二、微生物精准检验技术的优势

微生物精准检验技术是现代医学诊断领域的重要工具，其优势显著，为疾病的预防、诊断和治疗提供了强大的支持。本节将从多个方面详细阐述微生物精准检验技术的优势。

① 微生物精准检验技术具有极高的灵敏度和特异性。这得益于技术的不断进步和创新，使我们能够更精确地识别和检测微生物的存在。例如，分子生物学技术可以在分子水平上对微生物的线性结构进行认知，从而准确判断微生物的类型。这种高灵敏度和特异性的检测方式，有助于我们更准确地诊断疾病，避免误诊和漏诊的情况发生。

② 微生物精准检验技术具有高通量、高精度和快速的特点。传统的微生物检验方法往往需要较长的时间来培养和观察微生物，而现代精准检验技术则大大缩短了这一时间。例如，涂片镜检技术可以直接观察病原微生物的大小、形态和排列，从而迅速给出初步诊断。这种快速检测的方法为疾病的早期发现和及时治疗赢得了宝贵的时间。例如，NGS 技术可以在 12 h 左右完成从测序到信息分析的全过程，并且具有较高的成功率。此外，拉曼光谱技术因其非接触、无损、非标记、快速、准确等优势，在微生物的鉴定和表征中也显示出巨大潜力。

③ 微生物精准检验技术还具有较高的准确性和可靠性。采用严格的实验方法和试剂，可以确保检测结果的准确性。这对于确定治疗方案和评估治疗效果至关重要。通过精准的微生物检验，医生可以更准确地了解病原体的情况，为患者提供个性化的治疗方案，从而提高治疗效果和患者的生存率。

④ 微生物精准检验技术在无菌体液标本的检测方面也表现出色。无菌体液标本如脑脊液、血液等，一旦出现细菌，则极有可能是病原菌。通过精准的微生物检验，我们可以及时发现这些细菌，为疾病的诊断和治疗提供重要依据。

⑤ 微生物精准检验技术还具有广泛的应用范围。除了传统的病原微生物检测外，该技术还可以应用于食品安全、环境监测等领域。例如，在食品安全领域，通

过微生物精准检验可以检测食品中的有害微生物，保障人们的饮食安全。在环境监测方面，该技术可以用于检测水体、土壤等环境中的微生物污染情况，为环境保护提供科学依据。

三、微生物精准检验技术的应用前景

随着科技的不断进步，微生物检测技术在近年来取得了显著的突破，其中精准检验技术更是引领了微生物检测的新潮流。下面将就微生物精准检验技术的应用前景展开探讨。

精准检验技术在临床微生物检测、食品安全、海关边检等领域有广泛的应用需求。特别是在新型冠状病毒肺炎（COVID-19）疫情期间，快速准确的病原体鉴定技术显得尤为重要。NGS技术不仅能够检测多种病原体，还能对耐药基因进行快速检测，有助于实现感染性疾病的精准诊断和治疗。

在医疗卫生领域，微生物精准检验技术的应用正在逐渐改变传统的诊疗模式。传统的微生物检测方法如涂片镜检、分离培养与生化反应等，往往需要耗费大量的时间和人力资源，且准确率相对较低。而微生物精准检验技术则能够在更短的时间内对病原体进行准确识别和鉴定，大大提高了诊疗速度和效率。例如，通过分子生物学技术，可以快速检测出病原体的基因序列，从而确定其种类和特性，为医生确定精准的治疗方案提供有力支持。

此外，微生物精准检验技术还在食品安全领域发挥着重要作用。食品污染是一个全球性的问题，而微生物污染是其中的重要原因之一。通过微生物精准检验技术，可以对食品中的微生物进行快速、准确的检测，从而及时发现并控制污染源，保障消费者的健康。同时，这种技术还可以用于食品生产过程中的质量控制，帮助企业提高产品质量和竞争力。

在环境保护方面，微生物精准检验技术同样具有广阔的应用前景。水体、土壤和空气中的微生物活动对环境质量和生态系统的稳定性有着重要影响。通过微生物精准检验技术，可以检测环境中的病原微生物，预防和控制传染病的传播。此外，该技术还可以用于评估环境污染的程度和类型，为环境保护和治理提供科学依据。

除了以上领域，微生物精准检验技术还在工业生产、生物工程等领域发挥着重要作用。例如，在酿酒、制药等行业中，通过精准检测微生物的生长和代谢过程，可以提高产品的产量和质量，降低生产成本。同时，这种技术还可以用于研究微生物的特性和功能，为生物工程领域的发展提供有力支持。

当然，微生物精准检验技术的应用也面临一些挑战和限制。例如，技术成本较高、操作复杂等问题限制了其在一些基层实验室和偏远地区的普及和应用。此外，

随着微生物种类的不断增加和变异，对精准检验技术的要求也越来越高。因此，未来需要继续加强技术研发和创新，提高精准检验技术的准确性和可靠性，降低其成本，使其更广泛地应用于各个领域。

微生物精准检验技术的应用前景十分广阔。随着技术的不断发展和完善，相信未来这种技术将在更多领域发挥重要作用，为人们的健康、食品安全、环境保护和工业生产等方面带来更大的益处。

第三章　细菌检验技术

第一节　细菌的分离、培养与计数

一、细菌形态学检查

(一) 不染色检查

形态学检查是认识细菌、鉴定细菌的重要手段。细菌体积微小，需要借助于显微镜放大 1 000 倍左右才可识别。细菌无色透明，直接镜检只能观察到细菌动力，对细胞形态、大小、排列、染色特性以及特殊结构的观察，需要经过一定染色后镜检。研究超微结构则需要用电子显微镜观察。

1. 悬滴法

取洁净的凹形载玻片以及盖玻片各一张，在凹孔四周的平面上涂布一层薄薄的凡士林，用接种环挑取细菌培养液或细菌生理盐水悬液 1~2 环放置于盖玻片中央，将凹窝载玻片的凹面向下对准盖玻片上的液滴轻轻按压，然后迅速翻转载玻片，将四周轻轻压实，使凡士林密封紧密，防止菌液挥发，以便于镜下观察。先用低倍镜调成暗光，对准焦距后用高倍镜观察，不可压破盖玻片。可见有动力的细菌从一处移到另一处，无动力的细菌呈布朗运动而无位置的改变。螺旋体由于菌体纤细、透明，需用暗视野显微镜或相差显微镜观察其形态与动力。

2. 湿片法

湿片法又称压片法。用接种环挑取菌悬液或培养物 2 环，置于洁净载玻片中央，轻轻压上盖玻片，于油镜下观察。制片时注意菌液适量以防外溢，并避免产生气泡。

3. 毛细管法

主要用于检查厌氧菌的动力。先将待检菌接种在适宜的液体培养基中，经厌氧培养过夜后，以毛细管（长 60~70 mm，直径 0.5~1.0 mm）吸取培养物，菌液进入毛细管后用火焰密封毛细管两端。将毛细管固定在载玻片上，然后镜检。

(二) 染色检查

通过对标本染色，能观察到细菌的形态、大小、排列、染色特性，以及荚膜、鞭毛、芽孢、异染颗粒等结构，有助于细菌的初步识别或诊断。染色标本除能看到细菌形态外，还可将细菌按照染色反应加以分类，如 G 菌分为 G⁺ 菌和 G⁻ 菌。细菌的等电点较低，pH 为 2～5，一般情况下细菌带负电荷，容易被带正电荷的碱性染料 (如亚甲蓝、碱性复红、沙黄、结晶紫等) 着色。

1. 染色的基本步骤

(1) 涂片

从肉汤增菌液、半固体斜面、平板上挑取菌液、菌苔或菌落，滴加一小滴菌液于洁净载玻片上，轻轻涂布散开。标本可直接涂于载玻片上，有的标本或培养液在载玻片上不易附着，可用少量无菌血清或蛋白溶液一起涂片。涂片时动作应轻柔，动作过大或剧烈的操作会改变细菌的排列形式或导致细菌鞭毛脱落。

(2) 干燥

制备好的玻片应在室温下自然干燥。

(3) 固定

在酒精灯火焰上快速通过 3 次加热固定 (温度不可过高)。固定的目的：① 杀死细菌；② 使染料易于着色；③ 使细菌附着于玻片上不易被水冲掉。固定温度过高可使细菌蛋白变性、焦煳，影响细菌蛋白结合染料能力，甚至改变细菌染色特性。

(4) 染色

染色液多为水溶性，用低浓度染色液 (浓度小于 10 g/L) 为佳。染色分为单染色和复染色两种。为了促使染料与细菌结合，染液中可加入酚、明矾、碘液等，起到媒染作用，也可加热促进着色。

(5) 脱色

常用的脱色剂有醇类、丙酮、氯仿等。酸类可作为碱性染料的脱色剂，而碱类可作为酸性染料的脱色剂。乙醇是常用脱色剂，70% 的乙醇加无机酸脱色能力强，常用作抗酸染色的脱色剂；95% 的乙醇常用于革兰氏染色。

(6) 复染

复染又称对比染色，起到反衬作用。复染液应与初染液的颜色不同，并形成鲜明对比。复染可使脱色后的细菌重新着色。

(7) 冲洗

将残余的染料用水冲洗干净。

2. 革兰染色法

(1) 初染

第一液初染剂 (结晶紫) 染色 1 min, 水洗。

（2）媒染

第二液媒染剂（碘液）染色 1 min，水洗。

（3）脱色

第三液脱色剂（95% 的乙醇）脱色 10 ~ 30 s，水洗。

（4）复染

第四液复染剂（稀释石炭酸复红或沙黄）染色 30 s，水洗，自然干燥后镜检。

（5）结果

油镜下观察，G^+ 菌呈紫色，G^- 菌呈红色。

（6）注意事项

染色结果常受到操作者技术的影响，尤其容易过度脱色，使阳性菌染成阴性，应经常用已知标准菌株如金黄色葡萄球菌和大肠埃希菌作为阳性和阴性对照。染色关键在于涂片和脱色，涂片不宜太厚，固定不宜过热，脱色不宜过度。

3. 抗酸染色法

抗酸染色法主要用于检查临床标本中的结核分枝杆菌等具有抗酸性的细菌。常用的方法有以下两种。

（1）姜 – 尼氏（Zieh1–Neelsen）染色法

① 涂片—干燥—加热固定后滴加 2 ~ 3 滴石炭酸复红液，用火焰微微加热至出现蒸汽，维持至少 5 min（可补充染液，勿使蒸发变干），水洗。

② 用第二液盐酸乙醇脱色约 1 min，至涂片呈无色或淡红色为止，水洗。

③ 滴加第三液亚甲蓝复染液复染 1 min，水洗，自然干燥后镜检。

④ 结果：抗酸菌呈红色，背景及其他细菌呈蓝色。

（2）金永（Kinyoun）染色法

① 用接种环挑取待检标本涂片，自然干燥。

② 滴加石炭酸复红液染 5 ~ 10 min，不用加热，水洗。

③ 滴加盐酸乙醇脱色至无色为止，水洗。

④ 滴加亚甲蓝复染液复染 30 s，水洗待干燥后镜检。

⑤ 结果：抗酸菌染成红色，其他细菌、细胞等为蓝色。

4. 鞭毛染色法

① 将细菌在肉汤培养基中传代 6 ~ 7 次。在斜面培养基中加入肉汤培养基 2 mL，将传代的肉汤培养物接种于斜面琼脂与液体交界处，置于 35℃下孵育 7 ~ 16 h（变形杆菌则放置于 22 ~ 25℃下）。

② 用接种环自交界处挑取一环菌液，轻轻放在盛有 3 ~ 4 mL 无菌蒸馏水的小碟表面，使细菌自由分散，浮在表面，静置于孵箱中 4 ~ 5 min。

③从该菌液内取出1环菌液，置于洁净的玻片上，于37℃孵育箱内自行干燥，不能用火焰固定。

④滴加鞭毛染色液染色10～15 min，轻轻冲洗，自然干燥后镜检。

⑤镜检从边缘开始，逐渐移至中心，细菌分布少的地方鞭毛容易观察，细菌密集的地方鞭毛被菌体挡住，不易观察。

⑥结果：菌体和鞭毛均被染成红色。

5.墨汁荚膜染色法

①标本（脑脊液）离心沉淀物涂片，标本与墨汁的比例为1∶1或2∶1，滴加一滴国产（质优）或印度墨汁混匀。

②小心放上盖玻片，勿产生气泡，轻轻按压后镜检。

③先在低倍镜下寻找有荚膜的细菌，然后用高倍镜或油镜确认。新型隐球菌可以见到宽厚透亮的荚膜，背景为黑色。

6.异染颗粒染色法

（1）初染

在已固定的涂片上滴加染液（甲苯胺蓝和孔雀绿的乙醇溶液），染3～5 min，水洗。

（2）复染

用碘化钾溶液染1 min，水洗。自然干燥后镜检。

（3）结果

菌体呈绿色，异染颗粒为蓝黑色。

（4）注意事项

玻片应高度洁净，染液新鲜配制、无沉淀物。

7.芽孢染色（石炭酸复红法）

①细菌涂片、自然干燥后火焰固定。

②滴加石炭酸复红染液于玻片上，并用微火加热，使染液冒蒸汽约5 min，冷却后水洗。

③用95%乙醇脱色2 min，水洗。

④碱性亚甲蓝复染0.5 min，水洗，干燥后镜检。

⑤结果：芽孢呈红色，芽孢囊和菌体呈蓝色。

二、细菌的分离培养技术

（一）培养基制备

培养基配制的基本过程如下。

1. 配制溶液

向容器内加入所需水量的一部分，按照培养基的配方，称取各种原料，依次加入使其溶解。对蛋白胨、肉膏等物质，需加热溶解，加热过程所蒸发的水分，应在全部原料溶解后加水补足。配制固体培养基时，先将上述已配好的液体培养基煮沸，再将称好的琼脂加入，继续加热至完全溶解，并不断搅拌以免琼脂糊底烧焦。

2. 调节 pH

用 pH 试纸（或 pH 电位计、氢离子浓度比色计）测试培养基的 pH，如不符合需要，可用 10% 的 HCl 溶液或 10% 的 NaOH 溶液进行调节，直到调节到配方要求的 pH 为止。

3. 过滤

用滤纸、纱布或棉花趁热将已配好的培养基过滤。用纱布过滤时，最好折叠成 6 层；用滤纸过滤时，可将滤纸折叠成瓦楞形，铺在漏斗上过滤。

4. 分装

已过滤的培养基应进行分装。如果要制作斜面培养基，须将培养基分装于试管中。如果要制作平板培养基或液体、半固体培养基，则须将培养基分装于锥形瓶内。

5. 加棉塞

分装完毕后，需要用棉塞堵住管口或瓶口。堵棉塞的主要目的是过滤空气，避免污染。塞好棉塞的试管和三角烧瓶应盖上厚纸用绳捆扎，进行高压蒸汽灭菌处理。

（二）细菌的接种方法

1. 平板划线分离法

平板划线接种是细菌分离培养的基本技术，微生物检验人员必须熟练掌握，划线分离的目的是使标本中混合的多种细菌在平板上得到分散的单个菌落，为下一步细菌的鉴定等打下基础。平板划线分离方法有以下几种。

（1）连续划线分离法

主要用于细菌含量较少的标本，如尿液等，划线时的起始点在平板的 1/5 处，边缘留有 5 mm 的空白，以防污染进入的细菌被划线进入分离区；接种环灭菌后连续不断地呈密集的 "Z" 形划线直至划满平板。

（2）分区划线分离法

主要用于细菌含量较多的标本（如粪便、脓液、痰液）的分离培养。将标本接种于第一区并划线，在第二、第三、第四区依次用接种环划线，每区划线完毕均烧灼接种环灭菌，待凉后再划下一区，划线时只接触上一区 2～3 次，使细菌逐渐减少以便分离出单个细菌。

（3）棋盘划线分离法

该方法适用于具有重要意义的细菌的标本分离培养，标本划线时的起始点在平板的 1/5 处，平行划线 6~8 条，然后在垂直方向划线 6~8 条呈方格状，形似棋盘。

2. 倾注接种法

本法主要用于牛乳、饮用水、尿液等液体标本的细菌计数。用无菌生理盐水将标本适度稀释后，取 1 mL 标本注入 15 mL 已熔化并冷却至 50℃左右的培养基中，混匀，待冷却后放入 35~37℃孵箱。培养 24 h 后计数平板上的菌落数，再乘以稀释倍数，即可计算出每毫升标本中的细菌数量。

3. 穿刺接种法

此法用于保存菌种、观察动力及某些生化反应。用接种针挑取细菌培养物，在半固体培养基中央穿刺至培养基 3/4 处，然后沿原路小心拔出接种针。

4. 液体接种法

用无菌接种环挑取菌落或标本，在试管内壁与液面交界处轻轻研磨，使细菌混匀于液体培养基内。

5. 斜面接种法

此法主要用于细菌鉴定、保存、观察动力及某些生化反应。用左手握住菌种管和斜面培养基，右手持接种针并分别拔出两管的棉塞，将管口通过火焰灭菌，用接种针挑取菌落，插入斜面培养基至管 3/4 处，拔出接种针后在斜面上蜿蜒划线。火焰灭菌，塞上棉塞，将斜面培养基放入 35~37℃培养箱孵育。

6. 涂布法

目前该法主要用于纸片扩散法细菌药敏试验时的细菌接种。用无菌棉拭子蘸取一定浓度的菌液，在平板上反复涂抹均匀，尽可能使细菌均匀分布于琼脂表面，稍晾干后放置药敏纸片。

（三）细菌的培养方法

1. 需氧培养法

需氧培养法是指需氧菌或兼性厌氧菌等在普通大气环境下的培养方法，又称普通培养法，是目前微生物实验室最常用的常规培养方法。将标本接种于相应的培养基中，如血琼脂平板、巧克力色琼脂、斜面琼脂等，放置于 35~37℃培养箱内，孵育 18~24 h，满足需氧菌和兼性厌氧菌的生长需要。

2. CO_2 培养法

大部分细菌在一定浓度的 CO_2 中比在空气（含 O_2）中生长良好，所以，临床标本培养除特殊要求外，放置于 CO_2 环境中培养比较适宜。有一些细菌（如肺炎链球菌、脑膜炎奈瑟菌、淋病奈瑟菌、嗜血杆菌、布鲁菌、军团菌等细菌) 初代培养时，必须在 5% ~ 10% 的 CO_2 环境中才能生长。常用的方法如下。

（1）CO_2 培养箱法

通过 CO_2 培养箱自动调节 CO_2 的进入量，以控制培养箱内 CO_2 的浓度。设定湿度、温度后实现自动控制。可根据需要选择气套或水套等加热方式及箱体体积大小等。

（2）烛缸法

接种好的培养基放入烛缸内，缸口磨砂面涂以适量凡士林，缸内靠近中心位置放入点燃的蜡烛，加密封盖，并轻轻转动上盖，使之受热均匀不爆裂。蜡烛燃烧消耗氧气产生 CO_2，1 min 左右蜡烛自行熄灭，此时 CO_2 浓度为 5% ~ 10%。将烛缸放入 35 ~ 37℃ 培养箱中即可。

（3）化学法

常用碳酸氢钠 – 盐酸法。按照每升体积加入碳酸氢钠 0.4 g 与浓盐酸 0.35 mL 的比例，分别置于容器内，将接种好的培养基放入其中，盖紧缸盖后慢慢倾斜，使浓盐酸与碳酸氢钠接触，化学反应开始，产生 CO_2。将干燥器放入 35 ~ 37℃ 培养箱中即可。

（4）气袋法

选择无毒、无害的带封口的洁净塑料袋，将接种好的培养基和 CO_2 产生管放入其中，尽量去除袋内空气后密封袋口。小心折断 CO_2 产生管开始产生 CO_2，将气袋放入 35 ~ 37℃ 培养箱中即可。

3. 微需氧培养法

微需氧菌 (如弯曲菌) 在大气中和无氧环境中均不能生长，需要在 $5\%O_2+10\%CO_2+85\%N_2$ 的环境中才能生长。可用 "三气" 培养箱进行培养。

4. 厌氧培养法

（1）疱肉培养基法

培养基中的肉渣含有不饱和脂肪酸以及巯基等还原性物质，能吸收培养基中的氧，并使氧化还原电势降低，液面覆盖一层无菌凡士林或石蜡以隔绝空气，可形成良好的厌氧条件以满足厌氧菌生长。先将疱肉培养基水浴煮沸 10 min，冷却后将标本接种于疱肉培养基内，然后在培养基表面加无菌石蜡或凡士林，37℃ 孵育 24 ~ 48 h，观察厌氧菌生长情况。

（2）焦性没食子酸法

焦性没食子酸加入碱性溶液后能迅速吸收大量的氧，生成深棕色的焦性没食子酸，它能在任何封闭容器内有效地吸收氧而形成厌氧菌生长的适宜条件。

（3）厌氧缸法

密封缸内放置冷触媒钯粒 10 ~ 20 颗，煮沸去氧的亚甲蓝指示剂 1 管，将标本接种于厌氧琼脂平板上放置于密封缸内。用真空泵抽出缸内空气，充入 N_2，反复 2 ~ 3 次后，再充入 $85\%N_2+10\%CO_2+5\%H_2$ 的混合气体。37℃孵育 24 ~ 48 h，观察厌氧菌生长情况。

（4）厌氧培养箱法

将标本接种于培养基后放入厌氧培养箱内，通过抽气换气去除氧，形成厌氧环境。厌氧培养箱首先必须外接含厌氧气体的气瓶，装有真空表、真空泵、温控器、指示灯、气阀等装置。

（四）细菌的生长现象

1. 细菌在固体培养基上的生长现象

（1）观察菌落特征

通过观察菌落的特征，以确定对该菌如何进一步鉴别。菌落的各种特征包括大小、形状、突起、边缘、颜色、色素、光泽、硬度、表面、透明度和黏度等。

（2）血琼脂平板上的溶血现象

① α 溶血：菌落周围血培养基变为绿色环状；红细胞外形完整无缺。

② β 溶血：红细胞溶解在菌落周围形成一个完全清晰透明的环。

③ γ 溶血：菌落周围的培养基没有变化；红细胞没有溶解或无缺损。

④ 双环：菌落周围完全溶解的晕圈外有一个部分溶血的第二圆圈。

（3）气味

通过某些细菌在平皿培养基上代谢活动产生的气味，结合液体培养基上的性状，有助于细菌的鉴定。从生物安全角度出发，不提倡直接用鼻子去闻培养基上的菌落。

2. 细菌在液体培养基中的生长现象

（1）肉汤培养基

生长现象包括混浊度（混、中等微混、透明）、有无沉淀（粉状、颗粒状、絮状）、有无菌膜（膜状、环状、皱状），以及气味和色素等。细菌数量达 10^6 ~ 10^7 CFU/mL 时培养肉汤才见混浊。

（2）血液培养的检查和传代培养

血液培养用的培养瓶最好先在 35℃中预温，再将血液接种于培养瓶中（培养基容量：血液量 =10：1），培养瓶置于 35℃下保持 6 ~ 18 h 后，用肉眼观察其生长现象，如溶血、产生气体或混浊度等。应每天肉眼检查细菌生长情况：若生长阳性应进行进一步的分离鉴定和药敏试验；若生长阴性应孵至第 7 天弃去。有些细菌（如奈瑟菌属和嗜血杆菌属）的菌株、放线菌属的细菌都需要较长时间培养。血培养孵育24 h后，肉眼观察阴性的血培养瓶一般不需进行常规显微镜检查，因培养物中细菌含量达到10^5 CFU / mL，才能通过革兰氏染色检出。

3. 细菌在半固体培养基中的生长现象

半固体培养基用于观察细菌的动力，有动力的细菌除了在穿刺接种的穿刺线上生长外，在穿刺线的周围可见混浊或细菌生长的小菌落。

三、细菌的生长特性分析

细菌的生长特性主要体现在其生长曲线和在不同培养基上的生长表现。细菌的生长曲线通常分为4个时期：迟缓期、对数期、稳定期和衰亡期。每个时期都有其特定的特点和生物学意义。

迟缓期：在这个阶段，细菌适应新环境，菌体增大，代谢活跃，但细菌数量不增加。细菌对消毒剂和其他有害物质高度敏感。

对数期：细菌繁殖速度最快，活菌数以几何级数增加，菌体形态、大小、染色反应均较一致。这个时期的细菌对抗菌药物和不良理化因素的敏感性最高，且病原菌的致病力最强。

稳定期：由于营养消耗和代谢产物的积累，细菌繁殖速度下降，死亡数逐步上升，新繁殖的活菌数与死菌数大致平衡，活菌数保持不变。

衰亡期：营养物质耗尽，代谢产物的影响导致细菌大量死亡，活菌数快速下降。此时细菌的形态、染色不典型。

在不同类型的培养基上，细菌的生长表现也有所不同。

在液体培养基上，大多数细菌呈均匀混浊生长；少数呈链状排列的细菌呈沉淀生长；专性需氧菌在液面上形成菌膜。

在半固体培养基上，有鞭毛的细菌可沿穿刺线扩散生长，形成羽毛状或云雾状；无鞭毛的细菌仅沿穿刺线生长，周围培养基透明澄清。

在固体培养基上，不同种类细菌在固体培养基上形成菌落的大小、形状、色泽、透明度、表面光滑或粗糙、湿润或干燥、边缘整齐与否等均有差异。在血琼脂平板上可形成 α、β、γ 三种溶血现象。

这些特性不仅反映了细菌的生长状态，也为研究细菌的生理特性、代谢活动以及疾病诊断提供了重要依据。

第二节　细菌的生化特性鉴定

一、细菌生化试验原理

　　细菌生化试验的原理主要基于不同种类的细菌在细胞内新陈代谢酶系的不同，对营养物质的吸收、利用、分解/排泄及合成产物有很大的差别。这些差异使得生化试验能够检测某种细菌能否利用某种物质及其对某种物质的代谢及合成产物，从而确定细菌合成和分解代谢产物的特异性来鉴定细菌的种类。

　　细菌生化反应的原理进一步解释为，各种细菌所具有的酶不完全相同，对营养物质的分解能力亦不一致，因而其代谢产物有别。利用生化方法可以鉴别不同细菌，尤其是对形态、革兰氏染色反应和培养特性相同或相似的细菌更为重要。常见的细菌生化反应包括糖发酵试验、VP试验、甲基红试验、枸橼酸盐利用试验、吲哚试验、硫化氢试验、尿素酶试验等。

　　例如，糖发酵试验是生物化学试验中的一种，其原理在于不同种类的细菌含有发酵不同糖（醇、苷）类的酶，因而对各种糖（醇、苷）类的代谢能力也有所不同。即使能分解某种糖（醇、苷）类，其代谢产物也因菌种而异。通过检查细菌对培养基中所含糖（醇、苷）降解后产酸或产气的能力，可以鉴定细菌种类。

二、细菌的生化鉴定技术

（一）糖类代谢试验

1. 糖（醇、苷）类发酵试验

（1）原理

　　不同细菌含有发酵不同糖类的酶，分解糖的能力各有不同，产生的代谢产物也随细菌种类而异。观察细菌能否分解各类单糖（葡萄糖等）、双糖（乳糖等）、多糖（淀粉等）和醇类（甘露醇等）、糖苷（水杨苷等），是否产酸或产气。

（2）方法

　　将纯培养的细菌接种到各种糖培养管中，置于一定条件下孵育后取出，观察结果。

（3）结果判断

　　若细菌能分解此种糖类产酸，则指示剂呈酸性变化；不分解此种糖类，则培养基无变化。产气可使液体培养基中倒置的小管内出现气泡，或在半固体培养基内出现气泡或裂隙。

（4）注意事项

糖发酵的基础培养基内必须不含有任何其他糖类和硝酸盐，以免出现假阳性反应。因为有些细菌可将硝酸盐还原产生气体，从而影响结果的观察。

2. 葡萄糖代谢类型鉴别试验

（1）原理

又称氧化 – 发酵（O–F）试验，观察细菌分解葡萄糖时是利用分子氧（氧化型），还是无氧降解（发酵型），或是细菌不分解葡萄糖（产碱型）。

（2）方法

从平板上或斜面上挑取少量细菌，同时穿刺接种于 2 支 O–F 管，其中 1 支滴加无菌液体石蜡覆盖液面 0.3 ~ 0.5 cm 高度，经 37℃下培养 48 h 后，观察结果。

（3）结果判断

仅开放管产酸为氧化型，两管都产酸为发酵型，两管均不变为产碱型。

（4）注意事项

有些细菌不能在 O–F 培养基上生长，若出现此类情况，应在培养基中加入 2%的血清或 0.1% 的酵母浸膏，重做 O–F 试验。

3. 半乳糖苷酶试验（ONPG 试验）

（1）原理

某些细菌具有 β– 半乳糖苷酶，可分解邻硝基酚 –β–D– 半乳糖，生产黄色的邻硝基酚。

（2）方法

取纯菌落用无菌盐水制成浓的菌悬液，加入 ONPG 溶液 0.25 mL，35℃水浴，于 20 min 和 3 h 后观察结果。

（3）结果判断

通常在 20 ~ 30 min 内显色。出现黄色为阳性反应。

（4）注意事项

ONPG 溶液不稳定，若培养基变为黄色即不可再用；ONPG 试验结果不一定与分解乳糖一致。

4. 三糖铁试验（TSI 试验）

（1）原理

能发酵葡萄糖和乳糖的细菌产酸产气，使三糖铁的底层与斜面均呈黄色，并有气泡产生；只发酵葡萄糖而不发酵乳糖的细菌，斜面呈红色而底层为橙黄色；有些细菌能分解培养基中的含硫氨基酸生产硫化氢，硫化氢遇到铅或铁离子形成黑色的硫化铅或硫化铁沉淀物。

（2）方法

挑取纯菌落接种于三糖铁琼脂上，置于35℃下培养18～24 h。

（3）结果判断

出现黑色沉淀物为硫化氢试验阳性。

（4）注意事项

三糖铁琼脂高压灭菌时要掌握好温度和时间，以免培养基中的糖被分解。

5. 甲基红试验

（1）原理

某些细菌能分解葡萄糖产生丙酮酸，丙酮酸进一步分解为乳酸、甲酸、乙酸，使培养基的pH下降到4.5以下，加入甲基红指示剂即显红色（甲基红变红的pH范围为4.4～6.0）；某些细菌虽能分解葡萄糖，但若产酸量少，培养基的pH在6.0以上，加入甲基红指示剂则呈黄色。

（2）方法

将待检菌接种于葡萄糖蛋白胨水培养基中，35℃培养1～2日，加入甲基红试剂2滴，立即观察结果。

（3）结果判断

红色者为阳性，黄色者为阴性。

（4）注意事项

培养基中的蛋白胨可影响甲基红试验结果，在使用每批蛋白胨之前要用已知甲基红阳性细菌和阴性细菌进行质量控制；甲基红反应并不随葡萄糖浓度的升高而加快。

6. VP（Voges Proskauer）试验

VP试验亦称伏普试验。

（1）原理

某些细菌能分解葡萄糖产生丙酮酸，并进一步将丙酮酸脱羧成为乙酰甲基甲醇，后者在碱性环境中会被空气中的氧气氧化为二乙酰，二乙酰与培养基中的精氨酸等所含的胍基结合，形成红色的化合物，即为VP试验阳性。

（2）操作步骤如下

①将待检细菌接种于葡萄糖蛋白胨水培养基中，于35℃下孵育1～2日。

②贝氏（Barritt）法观察：观察时按每2 mL培养物加入甲液（6%的α-萘酚乙醇溶液）1 mL、乙液（40%的氢氧化钾水溶液）0.4 mL混合，置于35℃下培养，15～30 min出现红色为阳性。若无红色，应置于37℃下，4 h后再判断。

（3）结果判断

红色者为阳性。

（4）注意事项

① 有些微生物检验人员有一个误解，认为 VP 试验阳性的菌甲基红试验自然为阴性。实际上，肠杆菌科的大多数细菌产生相反的反应（由于乙酰甲基甲醇形成碱性，导致甲基红试验阴性和 VP 试验阳性）。某些细菌如蜂房哈夫尼菌和奇异变形杆菌，35℃培养甲基红试验和 VP 试验同时阳性反应，后者常延迟出现。

② α- 萘酚酒精容易失效，试剂放室温暗处可保存 1 个月。KOH 溶液可长期保存。

7. 淀粉水解试验

（1）原理

产生淀粉酶的细菌能将淀粉水解为糖类，在培养基上滴加碘液时，在菌落周围出现透明区。

（2）方法

将被检菌划线接种于淀粉琼脂平板或试管中，于35℃下培养 18～24 h，加入碘液数滴，立即观察结果。

（3）结果判断

阳性反应时菌落周围有无色透明区，其他地方为蓝色；阴性反应时培养基全部为蓝色。

（4）应用

用于某些细菌的分型与鉴定，如白喉棒状杆菌重型淀粉酶水解试验阳性，轻、中型为阴性；用于芽孢杆菌属菌种和厌氧菌某些种的鉴定。

8. 胆汁七叶苷试验

（1）原理

在 10%～40% 的胆汁存在条件下，某些细菌具有分解七叶苷的能力。七叶苷被细菌分解产生七叶素，七叶素与培养基中的枸橼酸铁的二价铁离子发生反应形成黑色化合物。

（2）方法

被检菌接种于胆汁七叶苷培养基中，于35℃下培养 18～24 h，观察结果。

（3）结果判断

培养基变黑为阳性，不变黑为阴性。

（4）应用

主要用于 D 群链球菌与其他链球菌的鉴别，以及肠杆菌科细菌某些种的鉴别。

9. 明胶液化试验

(1) 原理

细菌分泌的胞外蛋白水解酶 (明胶酶) 能分解明胶，使明胶失去凝固能力而液化。

(2) 方法

将待检菌接种于明胶培养基中，于35℃下培养24 h 至 7 日或更长时间，每培养24 h 取出放入 4℃冰箱约 2 h，观察有无凝固。

(3) 结果判断

如无凝固，则表示明胶已被水解，液化试验阳性；如凝固则需继续培养。

(4) 注意事项

培养时间要足够长，时间不够容易形成假阴性；应该同时做阳性对照和阴性对照。

10. 吡咯烷酮芳基酰胺酶（PYR）试验

多数肠球菌含有吡咯烷酮芳基酰胺酶（pyrrolidonyl arylamidase），能水解吡咯烷酮 –β– 萘基酰胺（L–pyrrolidonyl–β–naphthylamide），释放出 β– 萘基酰胺，后者可与 PYR 试剂作用，形成红色的复合物。

直接取细菌培养物涂在 PYR 纸片上，放置于35℃下孵育 5 min，滴加显色剂，若显红色为阳性，无色或不变色为阴性。

11. 葡萄糖酸盐氧化试验

(1) 原理

某些细菌可氧化葡萄糖酸钾，产生 α– 酮基葡萄糖酸。α– 酮基葡萄糖酸是一种还原性物质，可与班氏试剂反应，生成棕色或砖红色的氧化亚铜沉淀。

(2) 方法

将待检菌接种于葡萄糖酸盐培养基中（1 mL），置于35℃下孵育 48 h，加入班氏试剂 1 mL，于水浴中煮沸 10 min，迅速冷却观察结果。

(3) 结果判断

出现由黄色到砖红色沉淀为阳性；不变色或仍为蓝色为阴性。

(4) 注意事项

隔水煮沸应注意试管受热均匀，以防管内液体喷出造成烫伤和生物危害。

(二) 氨基酸和蛋白质代谢试验

1. 吲哚试验

(1) 原理

某些细菌具有色氨酸酶，能分解培养基中的色氨酸产生吲哚，吲哚与试剂（对二甲氨基苯甲醛)作用,形成玫瑰吲哚而呈红色。

(2)方法

将待检细菌接种于蛋白胨水培养基中,35℃下孵育1~2日,沿管壁慢慢加入吲哚试剂0.5 mL,即可观察结果。

(3)结果判断

两液面交界处呈红色者为阳性,无色为阴性。

(4)注意事项

蛋白胨中应含有丰富的色氨酸,否则不能应用。

2. 尿素试验

(1)原理

某些细菌能产生脲酶,分解尿素形成氨,使培养基变成碱性,酚红指示剂随之变红色。

(2)方法

将待检细菌接种于尿素培养基中,35℃下孵育1~4日。

(3)结果判断

呈红色者为尿素试验阳性。

(4)注意事项

所有尿素培养基均依靠出现碱性来证实,故对尿素不是特异的。某些细菌如铜绿假单胞菌可分解培养基中的蛋白胨,使 pH 升高而呈碱性,造成假阳性。因此,必须用无尿素的相同培养基作为对照。

3. 氨基酸脱羧酶试验

(1)原理

有些细菌能产生某种氨基酸脱羧酶,使该种氨基酸脱去羧基产生胺(如赖氨酸—尸胺,鸟氨酸—腐胺,精氨酸—精胺),从而使培养基变为碱性,指示剂变色。

(2)方法

挑取单个菌落接种于含有氨基酸及不含氨基酸的对照培养基中,加无菌液体石蜡覆盖,35℃孵育4日,每日观察结果。

(3)结果判断

若仅发酵葡萄糖显黄色,为阴性;由黄色变为紫色,为阳性。对照管(不含氨基酸)为黄色。

(4)注意事项

① 由于脱羧酶培养基含有蛋白胨,培养基表面的蛋白胨氧化和脱氨基作用可产生碱性反应,所以,培养基应封闭,隔绝空气以消除假阳性反应。

② 不含氨基酸的空白对照管，孵育 18～24 h 后仍应保持黄色（发酵葡萄糖）。

4. 苯丙氨酸脱氨酶试验

(1) 原理

有些细菌产生苯丙氨酸脱氨酶，使苯丙氨酸脱去氨基生成苯丙酮酸，与三氯化铁作用形成绿色化合物。

(2) 方法

将待检细菌接种于苯丙氨酸琼脂斜面，35℃孵育 18～24 h，在生长的菌苔上滴加三氯化铁试剂，立即观察结果。

(3) 结果判断

斜面呈绿色为阳性。

(4) 注意事项

① 注意接种菌量要多，否则可出现假阴性反应。

② 苯丙氨酸脱氨酶试验须在加入三氯化铁试剂后立即观察结果，因为绿色会很快褪去，不管阳性还是阴性结果，都必须在 5 min 内判断。

5. 硫化氢试验

(1) 原理

细菌分解培养基中的含硫氨基酸（如胱氨酸、半胱氨酸）生成硫化氢，硫化氢遇到铅或铁离子生成黑色硫化物。

(2) 方法

将培养物接种于醋酸铅培养基或克氏铁琼脂等培养基，于 35℃下孵育 1～2 日，观察结果。

(3) 结果判断。呈黑色者为阳性。

(4) 注意事项

如用克氏铁琼脂等培养基，则可由硫代硫酸钠、硫酸钠或亚硫酸钠还原产生硫化氢，阳性时可与二价铁产生黑色的硫化铁，阴性不产生黑色沉淀。

6. 精氨酸双水解酶试验

(1) 原理

精氨酸经两次水解后产生鸟氨酸、氨及二氧化碳，鸟氨酸又在脱羧酶的作用下生成腐胺，氨与腐胺均为碱性物质，可使培养基指示剂变色。

(2) 方法

将待检菌接种于精氨酸双水解酶试验用培养基上，于 35℃下孵育 1～4 日，观察结果。

（3）结果判断

溴甲酚紫指示剂呈紫色为阳性，黄色为阴性。

（4）应用

主要用于肠杆菌科细菌及假单胞菌属某些细菌的鉴定。

（三）有机酸盐和铵盐代谢试验

1. 枸橼酸盐利用试验

（1）原理

在枸橼酸盐培养基中，细菌能利用的碳源只有枸橼酸盐。当某种细菌能利用枸橼酸盐时可将其分解为碳酸钠，使培养基变为碱性，pH指示剂为溴麝香草酚蓝，由淡绿色变为深蓝色。

（2）方法

将待检细菌接种于枸橼酸盐培养基斜面，于35℃下孵育1～7日。

（3）结果判断

培养基由淡绿色变为深蓝色者为阳性。

（4）注意事项

接种时菌量应适宜，接种物过少可发生假阴性，过量可导致假阳性。

2. 乙酰胺利用试验

（1）原理

非发酵菌产生脱酰胺酶，可使乙酰胺经脱酰胺酶作用释放氨，使培养基碱性增强。

（2）方法

将待检菌接种于乙酰胺培养基中，于35℃下孵育24～48 h，观察结果。

（3）结果判断

培养基由黄色变为红色为阳性；如果不生长，或轻微生长，培养基颜色不变为阴性。

（4）应用

主要用于非发酵菌的鉴定。铜绿假单胞菌、脱硝无色杆菌、食酸代尔伏特菌为阳性。其他非发酵菌大多数为阴性。

（四）酶类试验

1. 触酶试验

（1）原理。具有触酶（过氧化氢酶）的细菌，能催化过氧化氢释放出新生态氧，继而形成分子氧，出现气泡。

（2）方法

取 3% 的过氧化氢溶液 0.5 mL，滴加于不含血液的细菌培养基上，或取 1～3 mL 滴加于盐水菌悬液中。

（3）结果判断

培养物出现气泡者为阳性。

（4）注意事项

① 细菌要求新鲜；

② 不宜用血琼脂平板上的菌落做触酶试验，因红细胞内含有触酶，可能出现假阳性；

③ 需用已知阳性菌和阴性菌对照。

2. 氧化酶试验

（1）原理

氧化酶（细胞色素氧化酶）是细胞色素呼吸酶系统的酶。具有氧化酶的细菌首先使细胞色素 C 氧化，再由氧化型细胞色素 C 使对苯二胺氧化，生成具有颜色的醌类化合物。

（2）方法

取洁净的滤纸一小块，蘸取菌苔少许，加 1 滴 10 g/L 的盐酸对苯二胺溶液于菌落上，观察颜色变化。

（3）结果判断

立即呈粉色并迅速转为紫红色者为阳性。

（4）注意事项

① 试剂在空气中容易氧化，故应经常更换试剂，或配制时试剂内加入 0.1% 的维生素 C 以减少自身氧化；

② 不宜采用含有葡萄糖的培养基上的菌落（葡萄糖发酵可抑制氧化酶活性）；

③ 应避免含铁的培养基等含铁物质，因本试验过程中，遇铁时会出现假阳性。

3. 靛酚氧化酶试验

（1）原理

具有氧化酶的细菌，首先使细胞色素 C 氧化，再由氧化型细胞色素 C 使盐酸对二甲胺甲苯胺氧化，并与 α- 萘酚结合，生成靛酚蓝而呈蓝色。

（2）方法

取靛酚氧化酶纸片，用无菌盐水浸湿后，直接蘸取细菌培养物，立即观察结果。

（3）结果判断

纸片在 10 s 内变成蓝色为阳性。

4. 血浆凝固酶试验

（1）原理

金黄色葡萄球菌可产生两种凝固酶。一种是结合凝固酶，结合在细胞壁上，使血浆中的纤维蛋白原变成纤维蛋白附着于细菌表面而发生凝集，可用玻片法测出。另一种是菌体生成后释放于培养基中的游离凝固酶，能使凝血酶原变成凝血酶类物质，从而使血浆发生凝固。

（2）方法

① 玻片法：取兔或人血浆和盐水各一滴分别置于清洁玻片上，挑取待检菌落分别与血浆及盐水混合。

② 试管法：取试管 2 支，分别加入 0.5 mL 的血浆（经生理盐水 1：4 稀释），挑取菌落数个加入测定管中充分研磨混匀，用已知阳性菌株加入对照管，37℃水浴 3～4 h。

（3）结果判断

① 玻片法：如血浆中有明显的颗粒出现而盐水中无自凝现象为阳性。

② 试管法：血浆凝固为阳性。

（4）注意事项

若被检菌为陈旧的肉汤培养物（18～24 h）或生长不良、凝固酶活性低的菌株，往往出现假阴性。

5. DNA 酶试验

（1）原理

某些细菌可产生细胞外 DNA 酶。DNA 酶可水解 DNA 长链，形成数个单核苷酸组成的寡核苷酸链。水解后形成的寡核苷酸可溶于酸，在菌落平板上加入酸后若菌落周围出现透明环，表示该菌具有 DNA 酶。

（2）方法

将待检细菌点种于 DNA 琼脂平板上，于 35℃下培养 18～24 h，在细菌生长物上加一层 1 mol/L 的盐酸（使菌落浸没）。

（3）结果判断

菌落周围出现透明环为阳性，无透明环为阴性。

（4）注意事项

培养基表面凝固水需烘干，以免细菌蔓延生长。也可在营养琼脂的基础上增加 0.2% 的 DNA。

6. 硝酸盐还原试验

（1）原理

硝酸盐可被某些细菌还原为亚硝酸盐，后者与乙酸作用生产亚硝酸。亚硝酸与对苯氨基苯磺酸作用生成偶氮苯磺酸，再与 $\alpha-$ 萘胺结合成红色的 N-$\alpha-$ 萘胺偶氮苯磺酸。

（2）方法

将待检细菌接种于硝酸盐培养基中，于35℃下孵育1~2日，加入甲液（对氨基苯磺酸 0.8 g+5 mol/L 醋酸 100 mL）和乙液（$\alpha-$ 萘胺 0.5 g+5 mol/L 醋酸 100 mL）各2滴，即可观察结果。若加入硝酸盐试剂不出现红色，需检查硝酸盐是否被还原。可于原试管内加入少量锌粉，如出现红色，证明产生芳基肼，表示硝酸盐仍然存在；若仍不产生红色，表示硝酸盐已被还原为氨和氮。也可在培养基内加1支倒置的小试管，若有气泡产生，表示有氮气产生，用以排除假阴性。

（3）结果判断

呈红色者为阳性。若不呈红色，再加入少量锌粉，仍不变为红色者为阳性，表示培养基中的硝酸盐已被还原为亚硝酸盐，进而分解成氨和氮；加锌粉后变为红色者为阴性，表示硝酸盐未被细菌还原，红色反应是锌粉的还原所致。

（4）注意事项

在判定结果时，必须在加试剂之后立即判定结果，否则会因颜色迅速褪去而造成判定困难。

（五）其他试验

1. 氢氧化钾拉丝试验

（1）原理

G$^-$ 菌的细胞壁在稀碱溶液中容易破裂，释放出 DNA，使氢氧化钾菌悬液呈现黏性，可用接种环搅拌后拉出黏液丝；而 G$^+$ 菌在稀碱溶液中没有上述变化。

（2）方法

取 1 滴 40 g/L 的氢氧化钾水溶液于洁净玻片上，取新鲜菌落少量混合均匀，并不断提拉接种环，观察是否出现拉丝。

（3）结果判断。出现拉丝者为阳性，否则为阴性。

2. 黏丝试验

（1）原理

霍乱弧菌与 0.5% 的去氧胆酸盐溶液混匀，1 min 内菌体溶解，悬液由混浊变为清晰，并变得黏稠，用接种环挑取时有黏丝形成。

（2）方法

在洁净载玻片上加 0.5% 的去氧胆酸盐溶液，与待测细菌混匀，用接种环挑取，观察结果。

（3）结果判断

在 1 min 内菌悬液由浑变清并且黏稠，有黏丝形成为阳性，否则为阴性。

3. cAMP（环磷酸腺苷）试验

（1）原理

B 群链球菌具有"cAMP"因子，能提高葡萄球菌 β－溶血素的活性，使两种细菌在划线处呈现箭头形透明溶血区。

（2）方法

先用产溶血素的金黄色葡萄球菌在血琼脂平板上划一横线，再取待检的链球菌与前一划线进行垂直接种，两者相距 0.5～1.0 cm，于 35℃ 下孵育 18～24 h，观察结果。

（3）结果判断

在两种细菌划线交界处，出现箭头透明溶血区为阳性。

（4）注意事项

被检菌与金黄色葡萄球菌划线之间留出 0.5～1.0 cm 的距离，不得相接。

4. 奥普托欣敏感试验

（1）原理

奥普托欣可干扰肺炎链球菌叶酸的生物合成，抑制该菌生长，故肺炎链球菌对其敏感，而其他链球菌对其耐药。

（2）方法

将待检的 α 溶血的链球菌均匀涂布在血琼脂平板上，贴放奥普托欣纸片，于 35℃ 下孵育 18～24 h，观察抑菌环的大小。

（3）结果判断

肺炎链球菌的抑菌环直径大于 10 mm。

（4）注意事项

① 做奥普托欣敏感试验的平板不能在二氧化碳环境下培养，因其可使抑菌环缩小；

② 同一血琼脂平板可同时测定几株菌株，但不要超过 4 株；

③ 奥普托欣纸片可保存于冰箱中，一般可维持 9 个月。但如用已知敏感的肺炎链球菌检测，其结果为耐药时，纸片应废弃。

5. 新生霉素敏感试验

（1）原理

金黄色葡萄球菌和表皮葡萄球菌可被低浓度新生霉素所抑制，表现为敏感。而腐生葡萄球菌表现为耐药。

（2）方法

将待检菌接种于 MH 琼脂平板或血琼脂平板上，贴上 5 μg/ 片的新生霉素纸片一张，于 35℃下孵育 18~24 h，观察抑菌环的大小。

（3）结果判断。抑菌环直径大于 16 mm 为敏感，小于或等于 16 mm 为耐药。

6. 杆菌肽敏感试验

（1）原理

A 群链球菌对杆菌肽几乎全部敏感，而其他群链球菌对杆菌肽一般为耐药。此试验可用于鉴别 A 群链球菌和非 A 群链球菌。

（2）方法

用棉拭子将待检菌均匀接种于血琼脂平板上，贴上 0.04 U/ 片的杆菌肽纸片一张，于 35℃下孵育 18~24 h，观察结果。

（3）结果判断

抑菌环直径大于 10 mm 为敏感，小于或等于 10 mm 为耐药。

7. O/129 抑菌试验

（1）原理

O/129（2,4 二氨基 –6,7– 二异丙基蝶啶）能抑制弧菌属、发光杆菌属和邻单胞菌属细菌生长，而气单胞菌属和假单胞菌属细菌耐药。

（2）方法

用棉拭子将待检菌均匀涂布于碱性琼脂平板上，贴上 10 μg/ 片、150 μg/ 片两种含量的 O/129 纸片，于 35℃下孵育 18~24 h，观察结果。

（3）结果判断

出现抑菌环者表示敏感，无抑菌环者为耐药。

（4）注意事项

弧菌属、邻单胞菌属细菌敏感，气单胞菌属细菌耐药。上述细菌传染性强，危害大，试验过程中务必做好生物安全工作，或在相应的生物安全级别实验室进行。

第三节　自动化与微型化细菌检验技术

一、细菌自动化检测系统的构建

(一) 自动血培养仪的基本结构和检测原理

以检测培养基导电性和电压为基础的血培养系统。培养基含有不同电解质，具有一定导电性，微生物在生长过程中可产生质子和电子，通过瓶盖上的电极检测培养基的导电性或电压变化，判断有无微生物生长。

以检测压力为基础的血培养系统。细菌在生长过程中产生二氧化碳，可以改变培养瓶内压力，判断细菌生长与否。

利用光电原理检测的血培养系统。微生物在生长过程中产生二氧化碳，引起培养基 pH 或氧化还原电势改变，利用分光计、二氧化碳感受器、荧光检测等光电技术检测培养瓶中有无微生物生长。

(二) 自动血培养的性能特点

① 培养基营养丰富，有利于细菌生长。

② 培养瓶种类多，适用于细菌、厌氧菌、真菌等。

③ 培养基含有树脂、活性炭等吸附抗菌药物，能提高阳性率。

④ 培养瓶坚固不易破碎，有利于生物安全和环保。

⑤ 阳性自动报警。

⑥ 早发现：在转种处理时即可进行一级报告。

⑦ 条形码技术，标本不会出错。

⑧ 适合各类体液标本，如胸腔积液、腹水、脑脊液等。

(三) 自动鉴定系统

1. 自动鉴定及药敏分析系统的基本结构

① 测试卡：G^- 菌鉴定卡 / 药敏卡；G^+ 菌鉴定卡 / 药敏卡；真菌鉴定卡；厌氧菌鉴定卡；棒状杆菌鉴定卡等。

② 菌液接种器。

③ 培养和鉴定系统：定时自动读卡，保存数据。

④ 数据管理系统：专家系统，分析结果，预测细菌耐药性等。

2. 自动鉴定及药敏系统的检测原理

① 鉴定原理。生物自动鉴定方法是采用数码鉴定法。早期的生物信息编码鉴定细菌的技术为微生物检验工作提供了一个简便、科学的鉴定程序，也提高了细菌鉴定的准确性。基于微生物编码技术的日益成熟，逐步形成了独特的多种细菌鉴定系统，如 API 细菌鉴定系统、VITEK 鉴定系统等。

数码鉴定技术是指通过编码技术将细菌的生化反应模式转换为数学模式，给每种细菌的反应模式赋予一组数码，建立数据库。通过对未知细菌进行有关生化试验并转换为数据模式，检索数据库，从而得到细菌名称。

② 抗菌药物敏感试验原理。以肉汤稀释法测定 MIC（最小抑菌浓度），将药物稀释为一定浓度，接种细菌后以细菌生长的最低药物浓度值表示，每个孔混浊为生长，清晰为不生长。

③ 自动微生物质谱检测系统。如基质辅助激光解析电离飞行时间质谱 MALDI-TOF-MS。

3. 微生物自动鉴定和药敏系统的性能特点

① 实现自动化测定，结果准确，操作标准化，提高效率，适合大样本运行。

② 鉴定细菌范围广，可以鉴定 500 余种细菌。

③ 检测速度快。一般细菌 3～8 h 即可检测出来。

④ 抗菌药物组合种类多，符合临床要求。

⑤ 数据处理软件功能强大。

⑥ 具有仪器自检功能。

二、细菌检测微型化技术的应用

随着现代医学科技如免疫学、生物化学、分子生物学的快速发展，新的细菌检测技术和方法已广泛用于临床微生物学鉴定。传统的细菌分离、培养及生化反应已不能满足对各种病原微生物的诊断以及流行病学研究的需要。近年来国内外学者已创建了不少快速、简便、特异、敏感、低耗且实用的细菌学检测方法。

（一）免疫学检测

在细菌诊断中免疫学的多种方法日益受到关注，用已知抗原或抗体检测抗体或抗原，从而丰富和简化了病原微生物的鉴定手段。

1. 凝集试验

颗粒性抗原如细菌、细胞、乳胶等与相应抗体发生特异性结合，在一定条件下出现肉眼可见的凝块，称为凝集试验（agglutination test）。

（1）直接凝集试验（direct agglutination test）

①玻片凝集试验：一种定性试验，用已知抗体检测未知抗原，常用于细菌的鉴定和分型，如沙门菌属、志贺菌属、致病性大肠埃希菌、弧菌属、嗜血杆菌、布鲁菌等细菌的鉴定，以及链球菌初步分型。本法操作简便、实用性强。

②试管凝集试验：一种半定量试验。用等量的抗原（细菌）与一系列倍比稀释的抗体（抗血清）混合，在37℃下孵育4 h后放室温或4℃冰箱过夜，观察结果。以最高血清稀释倍数出现凝集的稀释度表示抗体的效价。

（2）间接凝集试验（indirect agglutination test）

将可溶性抗原或抗体吸附于一种与免疫反应无关、大小均匀的颗粒性载体上，形成致敏载体，再与相应的未知抗体或抗原作用，在电解质存在的适宜条件下，被动地使致敏载体颗粒出现肉眼可见的凝集现象，称为间接凝集试验。该试验常用于检测血清中的细菌、螺旋体、病毒等抗原。间接凝集试验分为正向间接凝集试验、反向间接凝集试验、间接凝集抑制试验和协同凝集试验。

①乳胶凝集试验：将特异性的抗体包被在乳胶颗粒上，通过抗体与相应的细菌抗原结合，产生肉眼可见的凝集反应。常用于大肠埃希菌O157: H7的鉴定。

②协同凝集试验：金黄色葡萄球菌A蛋白（SPA）具有与人及各种哺乳动物IgG的Fc段结合的能力，而不影响抗体Fab段的活性，采用抗体致敏的SPA检测细菌即为协同凝集试验。

2.沉淀试验

可溶性抗原与相应的抗体结合，在比例适中和电解质存在的条件下，出现肉眼可见的沉淀物为沉淀试验（precipitation test），包括环状沉淀、絮状沉淀和琼脂扩散三种基本类型。

（1）环状沉淀试验

将已知的抗血清加于内径为1～3 mm、长75 mm的玻璃试管中约1/3高度，然后沿管壁慢慢加入稀释的待测抗原溶液，成为交界清晰的两层，置于35℃下孵育5～30 min。液面交界处形成肉眼可见的白色环状沉淀物为阳性。本试验主要用于链球菌、肺炎链球菌、鼠疫耶尔森菌的微量鉴定。

（2）絮状沉淀试验

可溶性抗原与抗体在试管中以适当比例混合后，在电解质存在的条件下，出现絮状沉淀物。本试验用已知抗原检测未知抗体，如肥达反应、外斐氏反应等，还可用于毒素、类毒素、抗毒素的定量测定。

（3）琼脂扩散试验

用琼脂制成凝胶，使抗原和抗体在凝胶中扩散，在两者比例适当处形成肉眼可见的沉淀线，为阳性反应。常用于标本中的抗原或抗体测定以及纯度鉴定。

3. 荧光抗体检测技术

用于快速检测细菌的荧光抗体技术主要有直接法和间接法。直接法：加已知特异性荧光标记的抗血清，经洗涤后在荧光显微镜下观察结果。间接法：用已知的细菌特异性抗体，待作用后经洗涤，再加入荧光标记的第二抗体，经过洗涤后在荧光显微镜下观察结果。

4. 酶联免疫吸附试验

酶联免疫吸附试验技术的应用，大大提高了检测的敏感性和特异性，现已广泛应用于病原微生物的检验。常用的方法有间接法、竞争法、双抗体或双抗原夹心法、捕获法、生物素 – 亲和素系统。

(二) 分子生物学技术检测

随着分子生物学技术的飞速发展，对病原微生物的鉴定已不再局限于对它的外部形态结构及生理特性等一般检验，而是从分子生物学水平上研究生物大分子，特别是核酸结构及其组成。在此基础上建立了众多检测技术方法，如核酸探针（nuclear acid probe）和聚合酶链反应（polymerase chain reaction）以其敏感、特异、简便、快速的特点成为世人瞩目的生物技术革命的产物，已广泛应用于临床病原菌的检测。

1. 核酸探针杂交技术

（1）核酸探针杂交技术原理

根据完成杂交反应所处介质的不同，分为固相杂交反应和液相杂交反应。固相杂交反应是在固相支持物上完成的杂交反应，如常见的印迹法和菌落杂交法。预先破碎细菌使之释放 DNA，然后把裂解获得的 DNA 固定在硝基纤维素薄膜上，再加标记探针杂交，依颜色变化确定结果，该法是最原始的探针杂交法，容易产生非特异性背景干扰。固相杂交技术有斑点杂交、Southern 印迹、原位杂交、Nouthern 印迹等。液相杂交反应是指杂交反应在液相中完成，不需固相支持，其优点是杂交速度比固相杂交反应速度快，缺点是为消除背景干扰必须进行分离以除去加入反应体系中的干扰剂。

（2）核酸探针的类型

根据核酸探针中核苷酸成分的不同，可将其分为 DNA 探针和 RNA 探针，大多选用 DNA 探针。根据选用基因的不同分成两种：一种探针能同微生物中全部 DNA 分子中的一部分发生反应，它对某些菌属、菌种、菌株有特异性；另一种探针只能限制性同微生物中某一基因组 DNA 发生杂交反应，如编码致病性的基因组，它对某种微生物中的一种菌株或仅对微生物中某一菌属有特异性。

（3）核酸探针的应用

① 用于检测无法培养、不能用于生化鉴定、不可观察的微生物产物以及缺乏诊断抗原等方面的检测，如肠毒素基因。

② 检测细菌耐药基因。

③ 细菌分型，如 rRNA 分型。

（4）核酸探针的特点

① 探针的特异性：探针检测技术的最大优点是特异性，一个适当的 DNA 探针能特异性地与所检微生物反应而不与其他微生物发生反应。

② 探针的敏感性：DNA 探针的敏感性取决于探针本身和标记系统。^{32}P 标记物通常可检出相当于 0.5 pg、1 000 个碱基对的靶系列，相当于 1 000～10 000 个细菌。用亲和素标记探针检测 1 h 培养物 DNA 含量为 110 pg，两者敏感性大致相同，而血清学方法只能达到 1 ng 的水平。

2. 聚合酶技术的原理

1983 年，穆利斯发明了最基本的扩增 DNA 或增加样品中特殊核苷酸片段数量的聚合酶链反应，即 PCR 法。PCR 法建立在三步重复反应的基础上：一是通过热处理将双股 DNA 变性裂解成单股 DNA；二是退火延伸引物至特异性寡核苷酸上；三是酶促延伸引物与 DNA 配对合成模板，引物退火，变性 DNA 片段，引物杂交形成的模板可再次参与反应，溶液中核苷酸通过酶聚合成相互补对的 DNA 片段，并能重新裂解成单股 DNA，成为下次 PCR 复制的模板。因此，每次循环特异性 DNA 将以双倍量增加。典型扩增经过 35 次循环能引起 100 万倍的扩增。在 PCR 反应中引入 Taq 聚合酶使反应得以半自动化和简化反应程序。用扩增 DNA 进行的 PCR 反应具有无与伦比的优越性。PCR 法的缺点主要是系统容易受外源 DNA 的污染，并随样品中待检 DNA 一起扩增。

（三）细菌毒素检测

1. 内毒素鲎定量测定

细菌内毒素（endotoxin）是 G⁻ 菌细胞壁的特有结构，内毒素为外源性致热原，它可激活中性粒细胞等。使之释放出一种内源性致热原，而内源性致热原可作用于体温调节中枢引起人体发热，细菌内毒素的主要化学成分为脂多糖（LPS），当细菌死亡或自溶后便释放出内毒素。内毒素血症是由血中细菌或病灶内细菌释放出大量内毒素至血液，或输入大量内毒素污染的液体而引起的。近年来，国内外研究证实临床 G⁻ 菌感染有逐年增加的趋势并已经成为临床感染的主要病原菌，感染所引起的内毒素血症及脓毒血症是目前临床上的主要死亡原因之一。在抗菌药物杀灭 G⁻

菌的同时，会使后者释放一定数量的内毒素，从而加速内毒素血症的发生。正确、快速、定量检测早期体液中的内毒素以及进行相应的对症治疗尤为重要。

2. 真菌 D- 葡聚糖检测

近年来，随着广谱抗菌药物和免疫抑制剂的大量应用，深部真菌感染的发病率呈逐年上升态势，其中主要是侵袭性真菌感染（IFI）。尸检研究发现，75% 的 IFI 病例在生前漏诊，而漏诊率高的主要原因是诊断困难。IFI 的临床表现不典型，易被基础疾病所掩盖，确诊通常需要侵入性的组织标本，而侵入性的操作过程常受患者的病情限制而难以实施。为了提高 IFI 治疗的成功率、降低病死率，目前国内外都制定了相应的关于 IFI 的诊治指南，将 IFI 诊断分为确诊、临床诊断和拟诊三个级别，但确诊依据只有两条：组织病理学证据和活组织标本或正常情况下无菌腔液标本培养阳性，这给临床实践带来了很大困难。为了提高诊断的阳性率，近年来几种非侵袭性实验室技术尤其是真菌抗原检测受到极大的关注，主要是 1,3-β-D- 葡聚糖已成为真菌感染的诊断标准之一。

3. 外毒素

外毒素（exotoxin）是某些 G$^+$ 菌（如白喉棒状杆菌、破伤风梭菌等）生长繁殖过程中分泌到菌体外的一种代谢产物，其主要成分为可溶性蛋白质。许多 G$^+$ 菌及部分 G$^-$ 菌等均能产生外毒素。外毒素对人体组织器官的侵害有选择性。外毒素不耐热、不稳定、抗原性强，可刺激机体产生抗毒素。外毒素的测定主要用于某些待检菌的鉴定以及产毒株和非产毒株的鉴别。

（四）蛋白组学技术鉴定细菌

蛋白组学作为一种日益重要的技术应用于病原微生物的鉴定和分型。目前，主要通过蛋白组学指纹图，应用基质辅助激光解析电离飞行时间质谱（MALDI-TOF-MS），已经成功用于鉴定细菌和真菌。细菌鉴定的过程是先通过 MALDI-TOF 获得图谱，然后与数据库中不同微生物家族的种、属特定图谱相比对，从而得出鉴定结果。数据库中含大量临床相关细菌菌种的数据资料。MALDI-TOF-MS 技术能很好地鉴别葡萄球菌属的各种亚型，还可以检测多种临床上有意义的细菌的毒力因子和毒素，区分和鉴定多重耐药菌如 MRSA，同时可以发现一些硫醚类抗菌药物产物等。目前已经有自动化专用设备应用于临床，如梅里埃公司全自动快速微生物质谱检测系统，样品处理只需两步：一是直接将细菌涂布在标本板上，然后加上基质；二是将标本板放入仪器，几分钟内显示鉴定结果，该设备可在半小时内完成近百份标本的检测。该技术还可以直接对临床标本进行鉴定以及药敏试验，细菌鉴定可以在 1 天内拿到报告结果，目前在欧洲和日本已用于临床细菌鉴定。该设备已有国产产品，国内已有不少医院开始使用，并取得了很好的临床应用效果。虽然质谱技术具有很好的细菌鉴定能力，但是由于该仪器昂贵、操作复杂，对技术人员具有较高的专业要求，限制了其在临床中常规应用。

(五)基因芯片技术

基因芯片又称 DNA 芯片（DNA microarray），是专门用于核酸检测的生物芯片技术，也是目前运用最广泛的微阵列芯片，是指固相载体(玻片、硅片或硝酸纤维素膜等)上按照特定的排列方式固定了大量已知序列的 DNA 片段或寡核苷酸片段，形成微阵列。将样品基因组 DNA／RNA 通过体外逆转录，PCR／RT-PCR 扩增等技术掺入标记分子后，与位于微阵列上的已知序列杂交，通过激光共聚焦显微扫描技术或高性能冷冻光源 CCD 显微摄像技术，检测杂交信号强度，经过计算机软件进行数据的比较和综合分析后，即可获得样品中大量基因序列特征或基因表达特征信息。采用基因芯片技术检测血液中的病原菌时，DNA 芯片探针的设计原理与其 PCR 引物设计原理基本一致。基因芯片技术的优点：

① 检测结果客观、快速、准确，6～7 h 可报告结果；

② 可在一张芯片上同时检测多种细菌；

③ 能特异性检测细菌的种和亚型；

④ 能够排除非特异检测方法的混杂因素如体外培养等；

⑤ 对一些需要特殊培养以及不能培养的细菌也可检测；

⑥ 自动化程度较高，有利于大样本自动化检测。

第四节 细菌检验的精准技术

一、分子诊断

在医学领域，细菌检验一直扮演着至关重要的角色，对于疾病的预防、诊断和治疗具有决定性的影响。随着科学技术的不断进步，分子诊断技术逐渐崭露头角，以其高灵敏度、高特异性和高效性在细菌检验中发挥着越来越重要的作用。

分子诊断技术是一种基于分子生物学原理的检验方法，它通过对细菌核酸的直接检测和分析，实现了对细菌种类、数量、耐药性等的精准判断。与传统的细菌培养、生化鉴定等方法相比，分子诊断技术具有更高的准确性和更快的检测速度，为临床诊断和治疗提供了有力的支持。分子诊断技术利用分子生物学方法，可以快速、敏感、准确地检测细菌的耐药机制，提供准确的耐药基因信息，从而实现精准的治疗和感染控制。

在细菌检验中，分子诊断技术主要包括 PCR（聚合酶链反应）、实时荧光定量 PCR、基因芯片技术、二代测序等。这些技术各有特点，可以根据不同的需求进行选择和组合。

PCR 技术是一种常用的分子诊断方法，它利用特异性引物和 DNA 聚合酶，在体外扩增目标细菌的核酸片段，然后通过凝胶电泳等方法进行检测。PCR 技术具有高灵敏度和高特异性，能够检测到极微量的细菌核酸，对于早期感染的诊断具有重要意义。

实时荧光定量 PCR 技术是在 PCR 基础上发展而来的，它通过荧光信号的实时监测，可以实现对细菌核酸的定量分析。这种方法不仅可以判断细菌的存在与否，还可以评估细菌的数量和生长趋势，为临床用药提供更为准确的依据。

基因芯片技术是一种高通量的分子诊断方法，它可以在一块微小的芯片上同时检测数千个基因的表达水平。在细菌检验中，基因芯片技术可以实现对多种细菌的同时检测，大大提高了检测效率。此外，基因芯片技术还可以用于细菌耐药性的研究，为临床用药提供指导。

二代测序技术是一种更为先进的分子诊断方法，它可以对细菌的整个基因组进行测序和分析。通过比较不同细菌的基因组序列，可以准确判断细菌的种类和进化关系，为疾病的溯源和防控提供有力支持。同时，二代测序技术还可以发现细菌中的耐药基因和毒力基因，为临床用药和疫苗研发提供重要信息。

当然，分子诊断技术也存在一定的局限性和挑战。例如，样本的采集和处理对检测结果具有重要影响，需要严格的操作规范和质量控制。此外，不同细菌之间的核酸序列可能存在相似性，可能导致假阳性或假阴性的结果。因此，在应用分子诊断技术进行细菌检验时，需要结合其他诊断方法和临床信息进行综合分析和判断。

总之，分子诊断技术以其高灵敏度、高特异性和高效性在细菌检验中发挥着越来越重要的作用。随着技术的不断进步和完善，相信分子诊断技术将在未来为临床诊断和治疗提供更加精准、快速和全面的支持。

二、快速检测技术

随着科技的飞速发展，细菌检验技术也在不断进步，其中快速检测技术以其高效、准确的特点，受到了广泛关注和应用。本节将重点介绍几种常见的细菌快速检测技术，并探讨其在实践中的应用价值。

一些新技术正在被研究和应用于快速检测领域，例如基于 CRISPR-Cas 系统的基因编辑技术，为疾病诊断提供了新的可能。此外，质谱法作为高灵敏度、高准确度的检测技术，在临床微生物学中用于细菌鉴定，被视为新的趋势。

首先，荧光显微镜法是一种常用的细菌快速检测技术。这种方法利用荧光染色剂标记细菌，通过荧光显微镜观察样本，可以在短时间内检测到细菌的存在。荧光显微镜法具有操作简便、结果直观的优点，被广泛应用于医学、环境监测等领域。然而，荧光显微镜法也存在一定的局限性，如对于某些细菌种类的检测可能不够敏感。

其次，快速酶学方法也是一种重要的细菌快速检测技术。这种方法利用细菌特有的酶对样本进行检测，可以在数小时内得出结果。快速酶学方法具有操作简便、成本低的优点，适用于大规模样本的筛查。然而，由于酶学方法的特异性相对较低，可能存在一定的假阳性或假阴性结果，因此在实际应用中需要结合其他方法进行综合判断。

最后，快速质谱技术也是一种具有潜力的细菌快速检测技术。该技术利用质谱仪分析细菌样本中的化学成分，可以快速鉴定细菌的种类。快速质谱技术具有高速度、高通量的特点，可以同时检测多种细菌，大大提高了细菌检验的效率。同时，质谱技术还可以提供细菌代谢产物的信息，有助于深入了解细菌的生理特性和致病机制。

总之，细菌快速检测技术在医学、环境监测、食品安全等领域发挥着越来越重要的作用。这些技术不仅提高了细菌检验的速度和准确性，还为疾病的早期诊断和治疗提供了有力支持。然而，不同的快速检测技术各有优缺点，在实际应用中需要根据具体情况选择合适的方法进行综合判断。随着科技的不断发展，相信未来会有更多更高效的细菌快速检测技术问世，为人们的生产生活带来更多便利。

三、提升细菌检测精准度的策略

随着科技的不断发展，细菌检验的精准度已经得到了显著的提升。然而，由于细菌种类繁多，且其生长、繁殖和代谢过程复杂多变，因此，细菌检验的精准度仍然存在一定的提升空间。本节将探讨几种提升细菌检验精准度的策略。

（一）开发新技术

为了提升细菌检验的精准度，研究者们正在开发新技术，如动态 DNA 组装新方法，以及利用 CRISPR/Cas13a 信号放大平台直接检测病原体微生物，这些技术能够实现快速且高灵敏度的致病菌检测。同时，通过整合微生物检测技术，可以改善临床诊断和治疗效果。

（二）优化检验方法

选用先进仪器：采用高分辨率显微镜、流式细胞仪、基因测序仪等先进仪器，能够更准确地观察细菌形态、检测细菌数量、鉴定细菌种类。

提高培养条件：优化培养基的配方、pH、温度等条件，使细菌在最佳状态下生长，提高检验结果的准确性。

多元化检验手段：结合生化、免疫、分子生物学等多种检验手段，提高细菌检验的全面性和准确性。

（三）提升检验人员技能

加强培训：定期对检验人员进行专业培训，提高他们的专业知识和技能水平，使其能够熟练掌握各种检验方法和技术。

建立标准化操作程序：制订详细的检验操作规范，确保检验过程的一致性，减小人为误差。

增强质量意识：加强检验人员的质量意识教育，使他们充分认识到检验结果的重要性，从而在工作中更加严谨、细致。

（四）强化质量控制与评估

建立质量控制体系：制订质量控制标准，定期对检验过程进行质量监控和评估，确保检验结果的稳定性和可靠性。

加强样本管理：严格把控样本采集、保存、运输等环节，确保样本的完整性和代表性。

引入第三方评估：邀请第三方机构对细菌检验过程进行评估，发现潜在问题，提出改进建议，推动细菌检验精准度的不断提升。

（五）利用信息技术提升检验效率与准确性

建立信息化平台：利用大数据、云计算等信息技术手段，建立细菌检验信息化平台，实现检验数据的实时共享和查询，提高检验效率。

开发智能分析系统：借助人工智能、机器学习等技术，开发细菌检验智能分析系统，对检验数据进行自动化分析、解读和预测，提高检验结果的准确性和可靠性。

推行电子报告：采用电子报告替代传统纸质报告，减少人为错误和丢失，提高报告传递的及时性和准确性。

(六) 加强国际交流与合作

参与国际标准制定：积极参与国际细菌检验标准的制订和修订工作，了解国际前沿技术和方法，推动国内细菌检验技术的不断进步。

开展国际合作研究：与国际同行开展合作研究，共同探索细菌检验的新方法、新技术，提高细菌检验的精准度和可靠性。

引进先进技术与设备：积极引进国外先进的细菌检验技术和设备，提高国内细菌检验的整体水平。

提升细菌检验精准度需要从多个方面入手，包括优化检验方法、提升检验人员技能、强化质量控制与评估、利用信息技术提升检验效率与准确性以及加强国际交流与合作等。只有不断探索和实践，才能推动细菌检验技术的不断进步，为人类的健康事业作出更大的贡献。

第四章　真菌检验技术

第一节　真菌检验的基本方法

一、真菌形态学鉴定

(一) 定义

真菌是一类单细胞或多细胞的真核生物，它们对生态系统的影响极大。真菌可以分为两类：子囊菌门和担子菌门。其中，担子菌门是人们熟知的蘑菇、霉菌和酵母菌等真菌的门类。

真菌形态学鉴定是指通过观察真菌的形态学特征来识别和分类真菌的方法。

(二) 真菌形态学鉴定的注意事项

在鉴定真菌时，需要注意以下几个方面：

1. 菌落形态

通过观察真菌在培养基上的生长形态来识别真菌种类。菌落形态包括菌落颜色、菌落形状、菌落边缘等特征。

2. 孢子形态

孢子是真菌繁殖的主要手段之一，因此通过观察孢子的形态来识别真菌种类也是一种常用的方法。孢子形态特征包括大小、颜色等。

3. 菌丝形态

菌丝是真菌体的主要组成部分，通过观察菌丝的形态来识别真菌也是一种重要的方法。菌丝形态特征包括颜色、粗细、分支情况等。

4. 菌柄形态

菌柄是蘑菇等担子菌门真菌体的一个组成部分，通过观察菌柄的形态来识别真菌也是一种常用的方法。菌柄形态特征包括颜色、长度、粗细等。

通过以上方法，可以鉴定出真菌的种类和亚种。但是需要注意的是，真菌形态学鉴定并不是唯一的鉴定方法，还需要结合分子生物学等方法来进行综合鉴定。

除了鉴定真菌种类，真菌形态学还可以用于研究真菌的生长和繁殖机理，以及真菌在生态系统中的作用。例如，可以通过观察菌落形态和孢子形态来研究真菌的生长速度和抗菌能力；通过观察菌柄形态来研究真菌的生长环境和生态适应性等。

真菌形态学鉴定是一种重要的真菌鉴定方法，它不仅可以用于鉴定真菌种类，还可以用于研究真菌的生长和生态作用，对于真菌科学研究和生态环境保护具有重要意义。

（三）不染色标本检查

在微生物学诊断领域，真菌不染色标本检查是一种重要的技术，它无须使用染色剂即可直接观察真菌的形态和结构，为快速、准确地诊断真菌感染提供了有力的支持。本节将详细介绍真菌不染色标本检查的原理、步骤、优缺点以及应用领域，旨在帮助读者更好地理解和应用这一技术。

1. 真菌不染色标本检查原理

真菌不染色标本检查基于显微镜的放大作用，直接观察真菌在标本中的大小、排列方式等特征。这种方法无须使用染色剂，因此可以保留真菌的自然状态，避免可能因染色过程产生的误差。

2. 真菌不染色标本检查步骤

（1）采集标本：根据感染部位和临床表现，选择合适的标本采集方法。常见的标本类型包括皮肤刮屑、痰液、尿液、血液等。

（2）制备标本：将采集到的标本进行处理，如清洁、离心等，以便更好地观察真菌。

（3）观察标本：使用显微镜对处理后的标本进行观察，注意真菌的大小、排列方式等特征，并与已知真菌特征进行对比，以确定真菌种类。

3. 真菌不染色标本检查的优缺点

（1）优点

① 操作简便：无须复杂的染色过程，操作简便，易于掌握。

② 快速高效：可迅速观察到真菌的形态和结构，为快速诊断提供支持。

③ 保留真菌自然状态：避免可能因染色过程产生的误差，提高诊断准确性。

（2）缺点

① 对观察者的技能要求较高：观察者需要具备一定的显微镜操作技能和真菌识别能力。

② 无法进行定量分析：只能观察真菌的形态和结构，无法确定真菌的数量。

4. 真菌不染色标本检查的应用领域

真菌不染色标本检查在临床医学、生物学研究等领域具有广泛的应用。在临床医学中，该技术可用于诊断皮肤真菌感染、呼吸道感染、尿路感染等多种疾病。通过观察真菌的形态和结构，医生可以判断感染的真菌种类，为患者制订针对性的治疗方案。此外，真菌不染色标本检查还可用于监测真菌感染的疗效，评估治疗效果。

在生物学研究领域，真菌不染色标本检查为真菌分类、生态学研究等提供了重要的手段。通过观察真菌的形态和结构特征，可以对真菌进行分类鉴定，为真菌资源库的建设和真菌多样性的研究提供基础数据。同时，该技术还可用于研究真菌与宿主细胞的相互作用、真菌在自然环境中的分布和生存策略等。

真菌不染色标本检查作为一种高效且实用的微生物学诊断方法，具有操作简便、快速高效、保留真菌自然状态等优点。在临床医学和生物学研究领域，该技术具有广泛的应用前景。随着技术的不断发展和完善，真菌不染色标本检查将在未来的微生物学诊断中发挥更加重要的作用。

（四）染色标本检查

1. 单染法

真菌作为一类广泛存在于自然界中的微生物，对人类生活既有益处又有害处。为了准确鉴定和研究真菌，染色标本检查是一种常用的方法。其中，单染法以其简单、直观的特点，在真菌学研究中发挥着重要作用。

单染法，顾名思义，就是使用一种染料对真菌标本进行染色。这种染色方法主要用于观察真菌的基本形态、结构和分布特点。常用的单染色剂有石炭酸复红染色液、美蓝染色液和草酸铵结晶染色液等。这些染料各有特点，可以根据真菌的不同特性和观察需求进行选择。

在进行真菌染色标本检查之前，首先需要对标本进行无菌操作，以避免污染和干扰检查结果。这包括接种、脱水、消毒、取材等步骤。接下来，将处理好的真菌标本制作成涂片，并进行固定，使真菌细胞保持稳定的形态，不易脱落。

染色是单染法的核心步骤。根据所选染料的特性，对真菌标本进行染色处理。染色过程中需要注意控制染色时间和浓度，以获得清晰、准确的染色结果。例如，使用石炭酸复红染色液时，由于其着色快，需要控制染色时间，避免过度染色。而美蓝染色液则着色较慢，但效果清晰，可以观察到更为细致的真菌结构。

完成染色后，需要进行水洗步骤，以去除多余的染料和杂质。水洗过程中要注意轻柔操作，避免破坏真菌标本的形态和结构。最后，将染色后的真菌标本置于显微镜下观察。通过观察真菌的颜色、形态和分布等特点，可以对其种类和特性进行初步鉴定。

单染法虽然简单直观，但也存在一些局限性。由于只使用一种染料，不能显示各种真菌染色性的差异，因此在某些情况下可能无法准确区分不同种类的真菌。此外，单染法也无法提供关于真菌细胞内部结构和化学成分的信息。

为了克服这些局限，研究者们通常会结合使用其他染色方法和技术，如复染色法、荧光染色法等。这些方法可以提供更为丰富和准确的真菌信息，有助于更深入地了解真菌的生物学特性和生态学作用。

总之，单染法作为一种简单直观的真菌染色标本检查方法，在真菌学研究中具有广泛的应用价值。通过掌握其操作技巧和注意事项，并结合其他染色方法和技术，我们可以更好地利用单染法进行真菌的鉴定和研究工作。

2. 复染法

在微生物学领域，真菌的鉴定和分类是极为关键的一环。其中，真菌染色标本检查是一种常用的技术手段，而复染法是其中最为重要的一种方法。本节将详细探讨真菌染色标本检查中复染法的应用及其重要性。

复染法，顾名思义，是指使用两种或两种以上的染料对标本进行染色的方法。这种方法在真菌检测中尤为常用，因为它能够有效地凸显出真菌的特定结构和特征，为后续的鉴定工作提供重要的参考信息。

在真菌染色标本检查中，复染法的应用通常包括以下几个步骤。首先，对标本进行预处理，如固定、脱水等，以确保真菌细胞的完整性和稳定性；接着，使用初染液对标本进行初步染色，使真菌细胞呈现出一定的颜色；然后，通过媒染液的作用，增强染料与真菌细胞的结合力；随后，使用脱色液去除多余的染料，使真菌细胞的特定结构更加清晰；最后，使用复染液对标本进行再次染色，以凸显出真菌的其他特征。

复染法的优点在于它能够充分利用不同染料的特性，对真菌细胞进行多层次的染色，从而更全面地展示真菌的形态和结构。同时，复染法还能够提高染色的敏感性和特异性，减少假阳性或假阴性的结果，提高真菌检测的准确性。

然而，复染法也存在一定的局限性。例如，不同的真菌可能对染料的反应不同，因此需要针对具体的真菌种类选择合适的染料和染色条件。此外，复染法的操作过程相对复杂，需要经验丰富的实验人员进行操作，以确保结果的准确性和可靠性。

在真菌感染的疾病诊断和治疗中，真菌染色标本检查具有重要的应用价值。通过复染法，医生可以准确地识别和鉴定真菌的种类和感染程度，为制订有针对性的治疗方案提供有力的依据。同时，复染法还可以用于监测真菌感染的治疗效果，评估病情的进展和预后。

总之，真菌染色标本检查中的复染法是一种重要的技术手段，具有广泛的应用前景和重要的实践价值。随着科学技术的不断进步和方法的不断完善，相信复染法在真菌检测领域将发挥更加重要的作用，为人类的健康事业作出更大的贡献。

二、真菌形态学鉴定方法

(一) 标本的采集与送检

临床上疑为真菌性疾病时，采集标本进行真菌学检查是确诊真菌性疾病的关键步骤，而标本的采集是否适宜与能否获得阳性结果有密切关系。应根据真菌侵犯组织和器官的不同而采集不同的标本。浅部真菌感染的检查可采取皮屑、甲屑、毛发等。深部真菌感染的检查可采取痰液、脑脊液、脓液、生殖道分泌物等。

1. 标本采集的原则

(1) 采集的标本要适宜

不同真菌感染应采取不同的临床标本。

(2) 在用药前采集标本

真菌标本一般须在用药前采集，对已用药者则需停药一段时间后再采集标本。

(3) 采集的标本量要足

血液和脑脊液标本不少于 5 mL；胸腔积液不少于 20 mL；皮屑标本两块；活体组织要采取两份，一份送病理科检查，一份进行镜检和培养。

(4) 严格无菌操作

在采集标本时严格无菌操作，装标本器皿应进行消毒处理，尤其是在采集血液和脑脊液标本时，要避免杂菌污染。

2. 标本的采集

(1) 浅部感染性真菌标本

① 毛发：用拔毛镊子拔取头癣患者病损部位的毛发 (脆而无光泽，易折断或带有白色菌鞘) 至少 5～6 根，置于无菌平皿上送检。

② 皮屑：首先用 70% 的乙醇消毒皮肤、指 (趾) 甲病损部位，然后采集标本。手、足癣，体、股癣用外科圆头钝刀轻轻刮取损害部位的边缘；甲屑用小刀刮取病损指 (趾) 甲深层碎屑。

(2) 深部感染性真菌标本

① 口腔黏膜：用无菌棉拭子从口腔或咽部的白色点状或小片处取材。

② 脓液及渗出物：未破损的脓肿用无菌注射器抽取，已破损者取痂皮下或较深部的脓液。

③ 痰液：嘱患者早晨起床刷牙漱口后深咳痰，用无菌平皿或痰盒收集标本。

④ 血液及体液：血液采 5～10 mL，需先加抗凝剂，直接接种于培养瓶中增菌，再分离培养。脑脊液取 5 mL 立即送检。胸腔积液取不少于 20 mL，检查时需离心

沉淀。

⑤粪便和尿液：粪便置于无菌小盒中送检；尿液取清晨中段尿或导尿标本，置于无菌试管中，检查时应离心沉淀。

⑥阴道及宫颈分泌物：一般用无菌棉拭子采集标本两份，一份用于涂片、染色、镜检，另一份用于分离培养。

⑦活体组织：无菌操作取标本两份，一份送病理科检查，一份送镜检和培养。

采集标本后应立即送检，特别是深部感染性真菌标本，送检不能超过 2 h。标本送至实验室应尽快处理。

(二) 真菌的形态学检查

1. 直接镜检

直接镜检即真菌标本不需染色处理，置于显微镜下直接观察。直接镜检对真菌病的诊断较细菌更为重要。镜下观察若发现真菌菌丝和孢子，则可初步判定为真菌感染。该法简便、快速，但大多不能确定菌种。具体操作如下。

(1) 标本制备

将少量标本置于载玻片上，加 1 滴标本处理液，覆盖盖玻片，如为毛发或皮屑等标本，可微微加温，切勿煮沸，轻轻加压盖玻片，驱除气泡并吸去周围多余液体后镜检。在制片时根据标本的不同，滴加不同的标本处理液，以便使真菌菌丝和孢子结构更加清晰地显示出来。常用的标本处理液如下。

①KOH 溶液：由于 KOH 可促进角质蛋白的溶解，故本处理液适用于致密、不透明标本的处理，如毛发、指甲、皮屑等。根据标本的厚薄选用不同的浓度，如毛发用 20% 的 KOH 溶液、皮屑用 10% 的 KOH 溶液，必要时可在 10% 的 KOH 溶液中加入浓度为 40% 的二甲基亚砜溶液，以进一步促进角质的溶解。若标本需长时间保存，可在 10% 的 KOH 溶液中加入 10% 的甘油，一般标本可保存数周至数月。

②生理盐水：用于观察真菌的出芽现象。将标本置于载玻片上，加生理盐水和盖玻片，在盖玻片四周用凡士林封固，防止水分蒸发，37℃培养 3～4 h 后观察出芽现象。此外，脓液、尿液以及粪便等标本，可滴加少量生理盐水后直接镜检。

③水合氯－苯－乳酸封固液：将水合氯醛 20 g、纯苯酚 10 g、纯乳酸 10 mL 混合后加热溶解即可。此处理液消化力较强，只限于不透明标本的处理。

(2) 显微镜检查

标本处理好后，置于显微镜下观察。先在低倍镜下观察有无菌丝和孢子，再于高倍镜下检查其形态特征。显微镜下可观察到丝状真菌的菌丝和孢子。由于真菌的折光性强，因此，观察时应注意收缩光圈，降低光线亮度，保持在暗视野下进行观察。

2. 染色镜检

标本经染色后镜检既可以更清楚地观察真菌的形态和结构，又可提高检出率。根据不同的菌种和检验要求而选用不同的染色方法。常用的真菌染色法如下。

（1）革兰氏染色

各种真菌均为革兰氏阳性，呈蓝紫色，常用于酵母菌、白假丝酵母菌及组织胞浆菌等的染色。具体染色方法同细菌的革兰氏染色法。

（2）乳酸酚棉蓝染色

适用于各种真菌的直接检查、培养物涂片检查及小培养标本保存等。如皮肤癣菌的检查。取一洁净的载玻片，滴加一滴乳酸酚棉蓝染液，将被检真菌放于染液中，加上盖玻片（加热或不加热）镜检，真菌被染成蓝色。如需保存标本片，在盖玻片周围用特种胶封固即可。

（3）墨汁负染色

适用于脑脊液标本中新型隐球菌的检查。取一滴优质墨汁置于载玻片上与被检标本混合，盖上盖玻片镜检，背景染成黑色，菌体不着色，故在黑色背景下可见透亮菌体和宽厚荚膜。

（4）糖原染色

糖原染色又称过碘酸 Schiff 染色（简称 PAS 或 PASH），可用于标本直接涂片及组织病理切片染色检查，其原理为：真菌细胞壁由纤维素和几丁质组成，含有多糖，过碘酸使糖氧化成醛，再与品红－亚硫酸结合，故菌体被染成红色。组织内的糖原亦被染成红色，但因组织内的糖原经淀粉酶消化后消失，此点可作为两者的鉴别。染色步骤：

①组织切片先用二甲苯脱蜡及 95% 乙醇逐级脱水，如标本为直接涂片则可从下一步开始；

②浸于过碘酸溶液中 5 min，蒸馏水冲洗 2 min；

③将标本片再浸入碱性复红溶液中 15 min，之后自来水冲洗直至切片发红；

④亮绿复染 5 s；

⑤95% 的乙醇脱色 1 次，再用无水乙醇脱色 2 次，二甲苯透明 2 次；

⑥封片、镜检。

染色结果：真菌及组织内的多糖成分均呈红色，核为蓝色，背景为淡绿色。

（5）荧光染色

染色方法有直接涂片染色、培养物涂片染色及组织切片染色三种。常用的染色液有 0.1% 的吖啶橙溶液、20% 的 KOH 溶液（将适量吖啶橙溶液缓慢滴于 KOH 溶液中，临用时配制）。

①直接涂片染色法：将标本（毛发、甲屑、皮屑等）置于载玻片上，滴加少量0.1%的吖啶橙溶液和20%的KOH溶液，盖上盖玻片，亦可微微加温，置于荧光显微镜下观察荧光反应。阳性表示有真菌存在，但不能确定菌种。

②培养物涂片染色法：对于丝状型菌落，可取少量标本置于载玻片上，滴加少许0.1%的吖啶橙溶液，盖上盖玻片，置于荧光显微镜下观察；对于酵母型菌落，在试管内加2 mL 0.1%的吖啶橙溶液，与酵母菌混合2~5 min，离心沉淀，弃去上清液，再加入5 mL生理盐水，混匀后离心沉淀，弃去上清液，最后用2 mL生理盐水将沉淀稀释成悬液，滴少许于载玻片上，加盖玻片，置于荧光显微镜下观察。

③组织切片染色法：先用铁苏木紫染色5 min，使背景呈黑色；水洗5 min后用0.1%的吖啶橙溶液染色2 min，水洗后用95%的乙醇脱水1 min，再用无水乙醇脱水2次，每次3 min；最后用二甲苯清洗2次后，用无荧光物质封片，镜检。

3. 注意事项

①阴性结果不能排除真菌感染，故可疑结果应复查或采用其他检验方法鉴定。

②可出现假阳性结果，如溶解的淋巴细胞在脑脊液墨汁负染色检查中易被误认为新型隐球菌；脂肪微滴也可与出芽酵母菌混淆。

③注意与其他混杂物加以区别，真菌孢子、菌丝、菌体均有一定的形态结构，而混杂物形态多样。

④要区分皮肤上的致病菌和腐生菌，腐生菌菌丝不是附着在皮肤上，而是游离的，菌丝、孢子为棕褐色，菌丝特别粗。

⑤注意与显微镜镜头、载玻片、盖玻片上长的霉菌加以区别。

三、真菌的培养特性

真菌是一类单细胞或多细胞生物，它们通常生长在潮湿的环境中，如土壤、植物和动物体内。真菌的培养特征包括以下几个方面。

（一）营养需求

真菌需要一定的营养物质才能生长，如碳源、氮源、磷源等。不同真菌对营养物质的需求也不同，因此在培养真菌时需要选择合适的培养基。

（二）生长温度

不同真菌对生长温度的适应能力也不同，有些真菌可以在较低温度下生长，如冷凝菌；而有些真菌则需要较高的温度，如热带真菌。因此，在培养真菌时也需要根据其生长温度的要求来选择适当的培养条件。

(三) pH 和氧气含量

真菌对环境的酸碱度和氧气含量也有一定的适应能力,不同真菌对这些环境因素的要求也不同。在培养真菌时,需要根据其对 pH 和氧气含量的要求来进行调节。

(四) 孢子形态和颜色

真菌的孢子形态和颜色也是其培养特征之一,不同真菌的孢子形态和颜色也不同。在观察和鉴定真菌时,可以根据其孢子形态和颜色来进行初步鉴定。

总而言之,真菌的培养特征包括营养需求、生长温度、pH 和氧气含量、孢子形态和颜色等方面。了解这些特征有助于我们更好地进行真菌的培养和鉴定。

四、真菌的培养技术

绝大多数真菌可以进行人工培养,这为真菌的鉴定以及临床诊断提供了重要依据。真菌培养方法与细菌相似。

(一) 培养基

根据真菌对营养要求的差异及培养目的的不同而选择不同的培养基。

(二) 培养方法

1. 试管培养法

试管培养法是真菌分离培养、传代和保存菌种最常用的方法。将培养基分装到大试管中,制成斜面,将标本接种其中。优点是水分不易蒸发,可节约培养基及防止污染。

2. 大培养法

将培养基分装到培养皿或大型培养瓶中,接种标本。优点是培养基表面积较大,易使标本分散生长,便于观察菌落;缺点是水分易蒸发,也易污染。仅用于培养生长繁殖较快的真菌(如白假丝酵母菌、新型隐球菌),对球孢子菌、组织胞浆菌等传染性强的真菌不适用。

3. 小培养法

小培养法又称微量培养法,是观察真菌结构特征及发育全过程的有效方法。常用的小培养法有以下几种。

（1）玻片培养法

① 取无菌"V"形玻璃棒放入无菌平皿内；② 在"V"形玻璃棒上放一无菌载玻片；③ 在载玻片上加马铃薯葡萄糖琼脂，并制成约 1 cm × 1 cm 方形琼脂块；④ 在琼脂块的每一侧用接种针接种待检菌；⑤ 将无菌盖玻片盖在琼脂块上，平皿内放少许无菌蒸馏水，盖好平皿盖，25～28℃ 孵育（酵母菌培养 1～2 日，皮肤癣菌培养 1～7 日）；⑥ 培养后取下盖玻片，弃琼脂块于消毒液中，滴加乳酸酚棉蓝染液于载玻片上，再将盖玻片置于载玻片上，镜检观察菌丝和孢子。此法可用于真菌菌种的鉴定。

（2）琼脂方块培养法

在无菌平皿中放入无菌的"V"形玻璃棒，加适量无菌水或含水棉球。取 1 张无菌载玻片放于玻璃棒上，以无菌操作从平板培养基上取（4～5 mm）×（8 mm × 8 mm）大小的琼脂块置于载玻片上。在琼脂块的四周接种标本，然后加盖无菌盖玻片。在适宜环境中培养，肉眼发现有菌生长时提起盖玻片，移去琼脂块，在载玻片上滴加乳酸酚棉蓝染液后盖上盖玻片，在显微镜下观察。

（三）生长现象

真菌生长后主要观察菌落的以下特征。

1. 生长速度

菌落生长的快慢与菌种和培养条件有关。菌落在 7～10 天内出现者为快速生长；3 周只有少许生长者为慢速生长。

2. 菌落大小

以毫米（mm）或厘米（cm）记录菌落直径。菌落的大小与菌种、生长速度、培养条件以及培养时间有关。

3. 菌落性质

菌落性质可分为酵母型菌落、类酵母型菌落和丝状型菌落。酵母型菌落表面光滑湿润，柔软而致密，边缘整齐，多为乳白色，如新型隐球菌；类酵母型菌落外观上与酵母型菌落相似，但镜下可看到假菌丝伸入培养基中，如白假丝酵母菌；丝状型菌落是多细胞真菌的菌落形态，呈棉絮状、绒毛状或粉末状等，并在正、背两面呈不同的颜色，如皮肤癣菌。有些菌落会深入琼脂中，有时培养基甚至会开裂。不同真菌菌落性状不同，是鉴别真菌的重要依据。

第二节　真菌血清学检验

真菌血清学检验是一种重要的诊断方法，用于确定患者是否感染了真菌以及感染的具体菌种。这种检验方法通过检测血清中的特定成分，如抗体、抗原或其他相关标志物，以辅助医生进行准确的诊断和治疗。本节将概述真菌血清学检验的基本原理、常见方法及其在真菌感染诊断中的应用。

一、真菌血清学检验的基本原理

真菌血清学检验基于抗体与抗原之间的特异性反应。当人体感染真菌时，免疫系统会产生特定的抗体来对抗这些真菌。同时，真菌本身也会释放一些特定的抗原物质。通过检测血清中的这些抗体或抗原，可以确定患者是否感染了真菌。

二、常见的真菌血清学检验方法

（1）G 试验

G 试验也称 $1,3-\beta-D$ 葡聚糖试验，主要检测真菌细胞壁成分 $1,3-\beta-D$ 葡聚糖。当人体感染真菌后，吞噬细胞会吞噬真菌并释放这种物质到血液和体液中，使其含量升高。通过检测血清中 $1,3-\beta-D$ 葡聚糖的含量，可以判断是否存在真菌感染。

（2）GM 试验

GM 试验主要检测半乳甘露聚糖抗原（GM），这是一种广泛存在于曲霉和青霉细胞壁中的多糖。通过检测血清中 GM 的含量，可以辅助诊断曲霉和青霉感染。

此外，还有其他一些血清学检验方法，如检测血清中的免疫球蛋白、白蛋白等，这些指标的变化也可以反映真菌感染的情况。

三、血清学检查在诊断真菌感染中的意义

人体的吞噬细胞吞噬真菌后，能持续释放 $1,3-\beta-D$ 葡聚糖，使血液及体液中该物质的含量增高。通过 G 试验检测 $1,3-\beta-D$ 葡聚糖的含量能够及时反映真菌感染情况。G 试验适用于除隐球菌和接合菌（毛霉菌）外的所有深部真菌感染的早期诊断，虽能测得包括曲霉和念珠菌在内的更多致病性真菌，且初步的临床研究显示有较好的敏感性和特异性，假阳性率较低，但它只能提示有无真菌侵袭性感染，并不能确定为何种真菌感染，这是此方法的缺点。

GM 试验主要针对侵袭性曲霉菌感染的早期诊断。曲霉菌感染部位主要集中在肺部，从而引起肺部侵袭性曲霉菌感染，诊断曲霉菌在肺部是定植还是侵袭性生长，

关键在于其是否合成 GM。如果痰液或肺泡灌洗液标本培养到曲霉菌且 GM 试验检测结果为阳性，即可诊断为曲霉菌侵袭性感染。GM 试验常可在患者临床症状出现前 5～8 日获得阳性结果，并可对血清、脑脊液、肺泡或支气管灌洗液进行检测，因而往往可以使诊断提前。所以 GM 试验是诊断侵袭性曲霉感染的微生物检查证据之一，通过检测 GM 值也可以作为治疗效果的参考指标之一。

G 试验。$1,3-\beta-D$ 葡聚糖抗原检测，在临床应用中具有以下几个方面的重要作用。

1. 早期诊断

侵袭性真菌感染表现复杂，早期症状无特异性，往往被原发病所掩盖，而且病程长，发现较晚，相关研究显示其死亡率较高。因此，对于深部真菌感染来说，早期诊断至关重要。G 试验可以快速检测血清中的 $1,3-\beta-D$ 葡聚糖水平，从而提供早期诊断侵袭性真菌感染的依据。

2. 快速诊断

传统的真菌分离、培养与鉴定方法耗时较长，这对于真菌感染患者来说可能导致病情加重，甚至死亡。而 G 试验可以在短时间内完成，并且结果可靠，能够为医生快速诊断真菌感染提供支持，从而避免延误治疗的情况发生。

3. 指导用药

当 G 试验结果显示出真菌感染时，医生可以根据不同的真菌种类和 $1,3-\beta-D$ 葡聚糖水平选择合适的抗真菌药物治疗方案。

4. 动态观察

G 试验可以用于对疾病发展和预后进行动态观察。$1,3-\beta-D$ 葡聚糖水平的变化能够提示疾病的发展情况，并且随着药物治疗的进行，对药物敏感患者 $1,3-\beta-D$ 葡聚糖水平会快速下降并转阴，而治疗无效的患者 $1,3-\beta-D$ 葡聚糖水平则没有明显改变。因此，通过监测 $1,3-\beta-D$ 葡聚糖水平的变化可以帮助医生评估疗效和调整治疗方案。

5. 鉴别真菌种类

$1,3-\beta-D$ 葡聚糖水平的不同可反映出不同真菌菌种的感染情况。例如，念珠菌感染者的平均 $1,3-\beta-D$ 葡聚糖值为 755 pg/mL；曲霉感染者的平均 $1,3-\beta-D$ 葡聚糖值为 110 pg/mL；镰刀菌感染者的平均 $1,3-\beta-D$ 葡聚糖值为 1 652 pg/mL；而隐球菌和接合菌（毛霉、根霉）细胞壁不产生 $1,3-\beta-D$ 葡聚糖，感染接合菌的患者血清 $1,3-\beta-D$ 葡聚糖值为 0。这对于医生鉴别真菌种类具有重要意义。

6. 监护病程

通过 G 试验可以对深部真菌感染易感人群的发病状态进行监测。与此同时，在微生物学实验室诊断真菌感染时，还需要综合考虑临床症状、体征以及其他实验室检查结果，以确保准确诊断。

四、真菌血清学检验的行业标准

在医学领域，真菌血清学检验是一项至关重要的技术，它对于疾病的诊断、治疗和预防都起着不可或缺的作用。为确保检验结果的准确性和可靠性，制定并执行一套严格的行业标准是至关重要的。本节将深入探讨真菌血清学检验的行业标准，并分析这些标准在实际操作中的重要性。

首先，我们来谈谈准确度的行业标准。真菌血清学检验对准确度的要求极高。检验结果与真实值之间的偏差应在可接受的范围内，以确保诊断的准确性。一般来说，准确度的相对偏差不得超过 ±25%。为了实现这一目标，实验室需要采用先进的检测技术和设备，并定期进行质量控制和校准。

其次，空白限和检出限也是真菌血清学检验的重要行业标准。空白限指的是在无目标真菌存在的情况下，检验方法能够检测到的最低信号水平。而检出限是指在存在目标真菌的情况下，检验方法能够可靠地检测到的最低浓度。对于真菌血清学检验而言，空白限和检出限的设定应充分考虑到不同真菌种类和样本类型的特性，以确保检验的灵敏度和特异性。

再次，批间差也是衡量真菌血清学检验稳定性的一个重要指标。批间差指的是不同批次之间检验结果的差异程度。为了控制批间差，实验室需要确保检测试剂、设备和操作程序的稳定性和一致性。同时，定期对检验过程进行监控和评估，及时发现并纠正潜在的问题，也是降低批间差的有效手段。

最后，重复测试的要求也是真菌血清学检验行业标准的重要组成部分。为了确保检验结果的稳定性和可靠性，实验室需要对至少两个浓度水平的样本进行重复测试，并计算所得结果的变异系数。变异系数不大于10%通常被认为是可接受的范围。这一要求有助于评估检验方法的稳定性和重复性，从而确保诊断结果的准确性。

除了以上提到的几个关键要素外，真菌血清学检验的行业标准还包括其他方面的要求，如实验室的环境条件、人员的专业资质、样本的采集和保存等。这些标准共同构成了真菌血清学检验的完整规范体系，为实验室提供了明确的操作指南和质量保障。

五、真菌血清学检验中抗原检测的原理

在医学领域，真菌血清学检验对于诊断真菌感染、评估病情以及指导治疗具有极其重要的意义。其中，抗原检测作为真菌血清学检验的重要手段之一，通过检测人体血清中真菌特异性抗原的存在，进而确定真菌感染的类型和程度。本节将详细

阐述真菌血清学检验中抗原检测的原理。

首先，我们需要了解什么是真菌抗原。真菌抗原是指存在于真菌细胞壁或分泌物中的特异性物质，它们能够刺激机体免疫系统产生特异性抗体。在真菌感染过程中，真菌抗原会随着真菌的繁殖和扩散而释放到人体组织、体液或血液中，因此可以通过检测这些抗原的存在来诊断真菌感染。

在真菌血清学检验中，常用的抗原检测方法主要有两种：G 试验和 GM 试验。

G 试验，即真菌 $1,3-\beta-D$ 葡聚糖检测，其原理在于检测真菌细胞壁特有的 $1,3-\beta-D$ 葡聚糖成分。当真菌侵入人体并在某些器官定植时，$1,3-\beta-D$ 葡聚糖会被释放至血液、肺泡灌洗液、脑脊液等体液中。在 G 试验中，试剂中的 G 因子可被 $1,3-\beta-D$ 葡聚糖激活，引起反应体系吸光度的变化。利用这一特点对 $1,3-\beta-D$ 葡聚糖进行定量测定，从而判断是否存在真菌感染。G 试验的优点在于敏感性较高，能够检测多种致病真菌感染，如念珠菌、曲霉菌等。然而，它不能区分感染真菌的种类，且对于某些特殊类型的真菌感染可能存在假阴性结果。

GM 试验，即半乳甘露聚糖抗原试验，主要检测的是曲霉菌细胞壁中的半乳甘露聚糖成分。在曲霉菌感染过程中，半乳甘露聚糖会从菌丝顶端释放到体液中。GM 试验利用酶联免疫吸附试验法检测血清中的半乳甘露聚糖抗原，从而判断是否存在曲霉菌感染。GM 试验的优势在于特异性较高，对于侵袭性曲霉菌感染的早期诊断具有重要意义。然而，其敏感性相对较低，可能在感染初期无法检测出阳性结果。

在实际应用中，G 试验和 GM 试验常常联合使用，以提高真菌感染的检出率和准确性。同时，医生还需结合患者的临床表现、影像学检查和其他实验室检查结果，综合判断是否存在真菌感染以及感染的类型和程度。

总之，真菌血清学检验中抗原检测的原理主要基于检测真菌特异性抗原的存在。通过 G 试验和 GM 试验等方法，可以有效地诊断真菌感染，为临床治疗和病情评估提供重要依据。然而，需要注意的是，抗原检测虽然具有一定的敏感性和特异性，但仍可能受到多种因素的影响，如试剂质量、操作技术等。因此，在实际应用中，需要结合多种方法和手段，以提高真菌感染的诊断准确性。

六、真菌血清学检验中抗体检测的原理

真菌血清学检验是医学领域用于诊断真菌感染的一种重要手段。其中，抗体检测作为关键的一环，对于确定患者是否受到真菌感染，以及感染的具体类型，具有至关重要的作用。下面将详细阐述真菌血清学检验中抗体检测的基本原理。

抗体，也称为免疫球蛋白，是机体免疫系统在受到外来物质（如细菌、病毒、真菌等）的刺激后产生的特异性蛋白质。它们能够与这些外来物质结合，进而引发

一系列免疫反应，保护机体免受损害。

在真菌感染的情况下，真菌中的某些成分，如多糖、蛋白质等，能够作为抗原刺激机体产生相应的抗体。这些抗体在血清中的存在，为通过血清学检验诊断真菌感染提供了可能。

抗体检测的基本原理在于利用抗原与抗体之间的特异性结合反应。在实验中，通常将已知的真菌抗原与待测血清混合，如果血清中存在与抗原相应的抗体，那么它们就会结合形成抗原－抗体复合物。这种结合反应可以通过多种方法进行观察和测量，如免疫沉淀、免疫电泳、免疫荧光等。

在真菌血清学检验中，常用的抗体检测方法包括酶联免疫吸附试验（ELISA）和免疫印迹法等。这些方法都基于抗原－抗体反应的特异性，能够高灵敏度和高特异性地检测血清中的真菌抗体。

具体来说，ELISA方法首先在反应板上固定抗原，然后加入待测血清，如果血清中存在相应的抗体，它们就会与抗原结合。接下来，通过添加酶标记的二抗和底物，可以观察到酶催化底物产生的颜色变化，从而判断抗原－抗体反应的发生。免疫印迹法则利用电泳和免疫化学反应，将真菌抗原分离并转移到膜上，再与待测血清进行反应，通过显色反应来检测抗体的存在。

通过抗体检测，可以确定患者是否感染了真菌，以及感染的具体类型。这有助于医生为患者制订针对性的治疗方案，提高治疗效果。然而，需要注意的是，抗体检测也存在一定的局限性，如假阳性、假阴性等问题。因此，在实际应用中，需要结合患者的临床表现、病原学检查等其他诊断方法，进行综合分析和判断。

总之，真菌血清学检验中抗体检测的原理是基于抗原与抗体之间的特异性结合反应。利用这一原理，可以有效地诊断真菌感染，为患者的治疗提供有力支持。随着医学技术的不断发展，相信未来真菌血清学检验在抗体检测方面会有更多的创新和突破，为人类的健康事业作出更大的贡献。

七、真菌血清学检验的应用：现代诊断与预防的新篇章

真菌作为一类广泛存在于环境中的微生物，既可以为人类带来利益，例如用于食品发酵和药物制造，也可以导致严重的健康问题，如真菌感染。因此，对真菌的准确识别和监测，一直是医学领域的重要课题。近年来，随着科学技术的不断进步，真菌血清学检验在诊断真菌感染和预防真菌病传播方面发挥着越来越重要的作用。

真菌血清学检验主要是通过检测血清中针对特定真菌的抗体，来判断个体是否感染或曾经感染过某种真菌。这种方法具有灵敏度高、特异性强、操作简便等优点，因此广泛应用于临床诊断和治疗监测。

首先，在真菌感染的诊断中，真菌血清学检验能够提供快速且准确的结果。对于一些早期感染或症状不明显的患者，传统的检测方法如真菌培养和显微镜观察可能难以检测到病原体。而血清学检验能够通过检测血液中的抗体，实现对感染的早期诊断。这对于及时采取治疗措施、防止病情恶化具有重要意义。

其次，真菌血清学检验还可以用于监测感染的治疗效果。在抗真菌治疗过程中，通过观察患者血清中抗体水平的变化，可以评估治疗的有效性和病情的改善程度。这有助于医生及时调整治疗方案，改善治疗效果。

最后，真菌血清学检验在预防真菌病传播方面也发挥着重要作用。通过大规模筛查血清中的真菌抗体，可以及时发现潜在的感染者，从而采取有效的隔离和治疗措施，防止真菌病的扩散。这对于保障公共卫生安全和降低真菌感染率具有重要意义。

然而，尽管真菌血清学检验具有诸多优点，但也存在一些局限。例如，某些真菌的抗体检测可能受到交叉反应的影响，导致误诊或漏诊。此外，不同个体对真菌感染的免疫反应可能存在差异，也会影响血清学检验的准确性。因此，在使用真菌血清学检验时，需要结合其他诊断方法进行综合判断。

真菌血清学检验在真菌感染的诊断、治疗和预防中发挥着重要作用。随着科学技术的不断进步和方法的不断完善，相信真菌血清学检验将在未来发挥更大的作用，为人类的健康事业作出更大的贡献。同时，也应认识到其局限性，并在实际应用中结合其他诊断方法进行综合评估，以确保诊断的准确性和有效性。在未来的研究中，我们可以进一步探索新的血清学标志物和检测方法，提高真菌血清学检验的灵敏度和特异性，以更好地服务于临床诊断和治疗。

第三节　真菌药物敏感性测试

一、真菌药敏试验概述

真菌药敏测定可以通过真菌培养、真菌 D 小体检测、真菌 PCR 扩增、真菌血清学检测和真菌代谢产物检测等方法进行。由于涉及真菌感染的治疗和管理，建议在医生指导下进行相应检查和治疗。

(一) 真菌培养

真菌培养用于鉴定感染样本中的真菌种类及其对药物的敏感性。将疑似感染样品置于特定培养基中，在恒温条件下培养数日至数周以观察真菌生长情况。

(二) 真菌 D 小体检测

D 小体检测可快速诊断是否存在真菌感染。D 小体是真菌细胞壁上的特异性结构，在显微镜下易于识别。

(三) 真菌 PCR 扩增

PCR 扩增可用于检测生物体内的真菌 DNA 序列。PCR 技术通过循环反应体系内温度变化实现目标 DNA 片段的特异放大。

(四) 真菌血清学检测

血清学检测利用抗原 – 抗体反应原理来确定是否存在相应的真菌抗原或抗体。采集血液样本来分析其中是否含有与特定真菌相关的抗体或抗原成分。

(五) 真菌代谢产物检测

真菌代谢产物检测旨在评估真菌在体内产生有害物质的程度。通过抽取患者血液或其他体液并分析其化学组成来确定是否存在异常代谢物。

以上各项检查均需严格遵循专业人员指导，并可能需要空腹或避免摄入某些食物和药物。

二、真菌药物敏感性检测

(一) 器材与试剂

① 菌种：假丝酵母菌等。
② 培养基：沙保弱培养基、RPMI-1640 等。
③ 抗菌药物：两性霉素 B、酮康唑、5-FC、氟康唑等。
④ 其他：无菌生理盐水、蒸馏水、丙磺酸吗啉缓冲液（MOPS）、二甲基亚砜、96 孔培养板、分光光度计、0.5 麦氏标准比浊管、微量加样枪、接种环、培养皿、试管等。

(二) 实验原理

将抗真菌药物进行倍比系列稀释，然后接种定量待检菌，经孵育后观察结果，从而测定抗真菌药物抑制该菌的 MIC。

(三) 步骤与方法

1. 药物原液的配制

药物原液浓度 10 倍于最高实验浓度,5-FC、氟康唑用蒸馏水配制;多烯类药物用二甲基亚砜配制。

2. 接种菌液的制备

将待检菌接种于沙保弱培养基中,于 35℃下培养 24 h,至少传代两次,以保证纯种,挑取 5 个直径 1 mm 菌落置于 5 mL 无菌生理盐水中混匀 15 s,用分光光度计在 530 nm 波长下校正浊度为 0.5 麦氏比浊标准,相当于 (1~5) × 10^6 CFU/mL,再用 RPMI-1640 稀释 2 000 倍,变为 (0.5~2.5) × 10^3 CFU/mL。

3. 药液稀释

① 非水溶性抗真菌药物:两性霉素 B、酮康唑用二甲基亚砜倍比稀释,浓度范围从原液浓度至实验终浓度的 100 倍,然后再以 RPMI-1640 进行 10 倍稀释作为实验时用量。

② 水溶性抗真菌药物:5-FC、氟康唑直接以 RPMI-1640 进行倍比稀释,浓度范围为原液至 10 倍于实验终浓度。

4. 常量稀释法

取上述系列稀释的药液 0.1 mL 于带螺帽的试管中,各管均再加入 0.9 mL 含菌培养液,使最终药物浓度为 16、8、4、2、1、0.5、0.25、0.12、0.06、0.03 μg/mL(两性霉素 B、酮康唑)或是 64、32、16、8、4、2、1、0.5、0.25、0.12 μg/mL(5-FC、氟康唑)。细菌生长对照管为 0.9 mL 含菌培养液 +0.1 mL 无药培养液,同时无菌、无药的培养基作为阴性对照。于 35℃下培养 48 h 后观察结果。

5. 结果判读

观察各管(孔)生长情况。

① 常量稀释法判读标准:两性霉素 B,MIC 定义为抑制测试菌肉眼可见生长的最低药物浓度;5-FC 和吡咯类,MIC 定义为与生长对照相比 80% 生长被抑制的最低抑菌浓度。

② 微量稀释法判读标准:两性霉素 B,MIC 定义为完全抑制生长(微孔内完全透明)的最低药物浓度;5-FC 和唑类药物,MIC 定义为与生长对照相比 50% 生长被抑制的最低药物浓度。

6. 质控

采用标准菌株作为每次测定的质控菌株,其 MIC 应落在预期值范围内。

（四）注意事项

药物原液配制：抗真菌药物来自制药厂，不能使用临床制剂。配制时实际称量须根据各种药物生物活性加以校正。配制药物的原液应小量分装于无菌聚丙烯管，置于 −60℃下储存，开启后需当日使用。

培养基的 pH、离子浓度、孵育温度和时间对实验结果有影响；临床检验中常用标准菌株进行质控，当标准菌株的结果在可接受的范围内，表示临床菌株的结果可靠。

结果判读标准的选择要考虑药物本身的特性，尤其在比较不同来源的抗真菌药敏实验结果时，更需要注意比较终点判读的标准是否相同，是 50%、80% 还是 100% 生长受抑制。

常量肉汤稀释法不宜处理大批量标本。

三、真菌最小抑菌浓度测定

（一）定义

最小抑菌浓度（minimal inhibitory concentration）指用试管稀释法测定菌种对药物的敏感性，完全抑制菌种生长的最高稀释管 1 mL 所含的药量，亦即被测细菌对该药的敏感度。因药物和细菌的种类不同，需具体规定药物的稀释范围；使用培养基的种类、加菌量，培养条件和判定结果的时间。

（二）浓度测定

1. 实验目的

① 掌握真菌培养技术，包括真菌的分离、培养，含菌量的测定。

② 掌握真菌分离培养过程中的无菌操作。

③ 掌握微量肉汤二倍稀释法测定抗菌药物 MIC 的基本步骤。能准确测出各种抗菌药物的 MIC 值，了解单药的抗菌活性。

④ 为棋盘法设计棋盘准备，求取棋盘法的中心浓度。

2. 实验原理

抗生素在体外及体内能够对真菌的生长起到一定的抑制生长作用。

3. 实验准备

① 菌株：标准菌株或临床分离菌株。

② 药物及培养基：两种抗菌药（注明来源及含量）、MH 肉汤培养基和 LB 营养琼脂等。

③ 器材：96 孔细胞培养板、1 mL 和 200 μL 移液枪、1 mL 和 200 μL 枪头、10 mL 刻度吸管、洗耳球、小试管、锥形瓶、容量瓶、小药瓶加塞、试管架、平皿、接种棒、酒精灯、分析天平、自动高压灭菌锅、超净工作台和 37℃ 恒温箱等。

(三) 方法与步骤

1. 实验前的准备

(1) 器具的清洗

将试管、平皿、锥形瓶、枪头等实验器具洗净、包好，121℃、20 min 高压灭菌，放烘箱烘干备用。

96 孔细胞培养板 (不可高压灭菌) 用洗液浸泡、超声、冲洗干净后，用 75% 的酒精浸泡备用 (用前取出放在超净台上吹干，紫外线杀菌 2 h 以上)。

(2) 试剂的配制

① 磷酸缓冲液 (PBS) 的配制。

② 生理盐水的配制：称取 0.9 g NaCl 于锥形瓶中，加入 100 mL 蒸馏水，溶解。

③ MH 琼脂、肉汤的配制：按照试剂说明书的要求，称取一定量 LB 琼脂于锥形瓶中，加入 100 mL 蒸馏水，溶解。按照试剂说明书的要求，称取一定量 MH 肉汤粉于锥形瓶中，加入 100 mL 蒸馏水，溶解。取琼脂和肉汤分装于小试管中，每管 2 mL。

将配好的琼脂、肉汤包装好，于 121℃ 下 20 min 高压灭菌。待琼脂稍冷后，在超净台倒平板 (15~20 mL 琼脂平板)，凝固后置于 37℃ 恒温培养箱过夜进行无菌检查，合格后和肉汤一起置于 4℃ 冰箱保存备用。

(3) 药物原液的配制及保存

将各种抗菌药用蒸馏水或不同 pH 的 PBS 稀释至所需浓度，抗生素过滤除菌，化学合成药高压灭菌。分装备用。

(4) 菌液的配制

挑取标准菌株或临床分离菌株，放入 MH 营养肉汤，37℃ 下培养 16~24 h；第二天在 LB 营养琼脂平板上划线培养 16~24 h；第三天挑单个菌落接种于 2 mL MH 营养肉汤中，温箱培养 16~24 h，制得供试菌液。

2. 细菌含量测定

① 用生理盐水将上述菌液进行 10 倍梯度稀释 (0.5 mL 菌液 +4.5 mL 生理盐水)。

② 取 10^{-5}、10^{-6}、10^{-7} 三个梯度的菌液各 0.1 mL 滴在琼脂平板中央，轻轻拍打，使其均匀摊开，不要接触平皿边缘，每个梯度做 2 个平板，放入 37℃ 温箱培养 16~24 h。

③ 计算菌落数：挑选长有 30~300 个菌落的平板来计数。两个平板的计数结果

取其平均值为细菌浓度，要求生长浊度达 9×10^8 个 /mL。计算示例：10^{-6} 两个平板上生长菌落数分别为 68、70 个，平均 69 个 /0.1 mL，则每 mL 含活菌落数 690×10^6 个，即生长浊度为 6.9×10^8 个 /mL。

④ 将供试菌液（3 步制得）用肉汤进行 1 : 10 000 稀释（最终的浊度为 10）。

3. 抑菌浓度测定

① 在 96 孔培养板的前 3 排（即 A、B、C 3 排）每孔中各加入含 TTC（5%）的空白肉汤 100 μL。

② 在 A、B、C 3 排的第 1 孔加配好的药液（浓度为 512 IU/mL 或 μg/mL）100 μL，然后对药物进行二倍稀释，即第 1 孔中加入药液后用移液枪充分吹打（至少 3 次）使药物与肉汤充分混匀，然后吸取 100 μL 加入第 2 孔，再充分吹打使之与肉汤充分混匀；同样吸取 100 μL 加入第 3 孔中，照此重复直至最后一孔，吸取 100 μL 弃去；此时每孔药物浓度从左到右依次为 256、128、64、32、16、8、4、2、1、0.5、0.25、0.125 IU/mL（或 μg/mL）。

③ 再在每一孔中加入稀释好的菌液 100 μL，这样就形成测定一个药物 MIC 值的 3 次重复（A、B、C 3 排样品）。此时每孔药物浓度即最终药物浓度，从左到右依次为 128、64、32、16、8、4、2、1、0.5、0.25、0.125、0.06 IU/mL（或 μg/mL）。

④ 另外在同一块板上放一排阴性对照（仅加空白肉汤不加菌液）和一排阳性对照（仅加菌液肉汤不加药液）。

⑤ 将 96 孔培养板放入 37℃恒温培养箱培养 16 ~ 20 h 后，观察结果。

第四节　真菌检验的精准技术

一、分子标记

随着科技的进步和医学领域的深入研究，真菌感染的诊断和鉴定技术也在不断革新。传统的真菌检验方法，如镜检和培养，虽然具有一定的价值，但在面对复杂多变的真菌种类和感染情况时，其准确性和效率往往不尽如人意。因此，一种更为精准、高效的真菌检验技术——分子标记技术应运而生，为真菌感染的鉴定和治疗提供了强有力的支持。

分子标记技术是研究真菌遗传多样性的常用方法之一。例如，RAPD（随机扩增多态性 DNA）标记技术不需要知道被研究物种的核酸序列信息，操作简便，成本较低，能够检测出重复序列的多态性。此外，还有基于测序技术的分子标记，如 ITS（内转录区间），作为真菌 DNA 条形码，被广泛用于真菌的鉴定。

分子标记技术是一种基于 DNA 多态性的遗传标记方法，它通过检测真菌 DNA 序列中的特定变异或重复序列，来准确区分和鉴定不同的真菌种类。这种方法不仅具有高度的特异性和敏感性，而且能够快速、准确地鉴定出真菌的种类和基因型，为真菌感染的精准诊断和治疗提供有力的工具。

在真菌检验中，分子标记技术的应用主要包括以下几个方面。

首先，限制性片段长度多态性（RFLP）技术是一种常用的分子标记方法。它通过对真菌 DNA 进行特定的酶切，得到一系列不同长度的 DNA 片段，然后通过凝胶电泳等技术进行分析和比对，从而确定真菌的种类和基因型。这种方法在真菌遗传图谱构建、基因定位及克隆等方面具有广泛的应用。

其次，随机扩增多态性 DNA（RAPD）技术也是一种重要的分子标记方法。它利用一系列随机引物对真菌 DNA 进行 PCR 扩增，得到一系列多态性 DNA 片段，进而进行比对和分析。RAPD 技术具有操作简便、成本低廉等优点，因此在真菌分离菌株的分子鉴定和遗传多样性研究等方面得到了广泛应用。

最后，单核苷酸多态性（SNP）标记技术也是近年来真菌检验领域的研究热点。SNP 是指基因组中单个核苷酸的变异，这种变异在真菌种群中广泛存在，因此可以作为区分不同真菌种类和基因型的重要标记。SNP 标记技术具有高分辨率、高稳定性等优点，为真菌感染的精准诊断提供了有力的支持。

除了上述几种分子标记技术外，还有许多其他方法，如微卫星标记（SSR）等，也在真菌检验中发挥着重要作用。这些技术的不断发展和完善，使得真菌检验的准确性和效率得到了显著提升。

然而，尽管分子标记技术在真菌检验中取得了显著的成果，但仍存在一些挑战和限制。例如，部分真菌的基因组信息尚不完善，导致分子标记的选择和应用受到一定限制；同时，分子标记技术的操作过程相对复杂，需要专业的技术人员和设备支持。因此，在未来的研究中，我们需要进一步加强真菌基因组信息的完善和技术操作的简化，以便更好地发挥分子标记技术在真菌检验中的优势。

总之，分子标记技术作为一种精准、高效的真菌检验方法，已经在真菌感染的诊断和鉴定中发挥了重要作用。随着技术的不断进步和完善，相信分子标记技术将在未来为真菌感染的精准诊断和治疗提供更加有力的支持。

二、基因分型

真菌作为一类广泛存在于自然环境中的微生物，与人类的关系复杂而微妙。一方面，真菌在生态系统中扮演着重要的角色，参与物质循环和能量流动；另一方面，某些真菌也能引起人类疾病，给人类的健康带来威胁。因此，对真菌进行准确、快速的检验和鉴定，对于预防和治疗真菌感染具有重要意义。近年来，基因分型技术作为一种新兴的真菌检验方法，以其高度的精准性和特异性受到了广泛关注。

基因分型，顾名思义，是通过分析生物体的基因序列来确定其遗传特征的方法。在真菌检验中，基因分型技术主要通过提取真菌的 DNA，并利用 PCR 扩增、测序等手段，对真菌的特征基因序列进行分析和比对，从而实现对真菌物种的准确鉴定。

基因分型技术可以帮助确定真菌的种类和特性。例如，SSR（序列重复）分子标记是近年来普遍应用的分子标记方法之一，可以用于大型真菌的遗传多样性分析。

与传统的真菌检验方法相比，基因分型技术具有诸多优势。首先，基因分型不受真菌形态特征的限制，能够鉴定出形态相似但基因序列不同的真菌种类，避免了因形态相似而导致的误判。其次，基因分型技术具有高度的特异性，能够准确区分不同种属的真菌，甚至能够鉴别出同一种真菌的不同亚种或菌株。此外，基因分型技术还具有快速、高效的特点，能够在短时间内完成大量样本的检测和分析。

在真菌检验中，基因分型技术的应用范围广泛。首先，在真菌感染的诊断方面，基因分型技术可以快速、准确地鉴定出致病真菌的种类和亚型，为医生确定有针对性的治疗方案提供依据。其次，在真菌流行病学研究中，基因分型技术可以揭示真菌种群的遗传结构和传播规律，为预防和控制真菌感染的传播提供有力支持。此外，基因分型技术还可以用于真菌耐药性的研究，通过分析真菌的基因变异情况，预测其对抗真菌药物的敏感性，为临床用药提供参考。

然而，尽管基因分型技术在真菌检验中展现出了巨大的潜力，但其在实际应用中仍面临一些挑战。首先，基因分型技术需要专业的设备和操作技术，对实验人员的素质要求较高。其次，基因分型技术的成本相对较高，限制了其在基层医疗机构和偏远地区的普及和应用。此外，对于某些罕见或新出现的真菌种类，其基因序列信息可能尚不完善，这也会影响基因分型技术的准确性和可靠性。

针对这些挑战，未来真菌检验的精准技术发展方向可以从以下几个方面进行探索。首先，加强基因分型技术的研发和优化，提高其准确性和灵敏度，降低操作难度和成本，使其更易于在基层医疗机构和偏远地区推广和应用。其次，完善真菌基因数据库的建设，加强对罕见和新出现真菌种类的研究，丰富其基因序列信息，为基因分型技术的应用提供更全面的支持。此外，还可以结合其他现代生物技术手段，如生物信息学、代谢组学等，对真菌进行多维度的分析和鉴定，提高真菌检验的精准性和可靠性。

三、精准诊断方法

随着医疗技术的不断进步，真菌检验的精准技术也在不断发展。精准诊断方法不仅提高了真菌感染的检测准确性，还为临床治疗提供了重要的依据。

精准诊断方法包括多种技术，如荧光 PCR、数字 PCR、恒温扩增、核磁检测、微流控芯片等。这些技术能够快速、准确地诊断真菌感染，对提高临床救治率具有重要意义。例如，我国药监局批复了首张真菌多联检荧光 PCR 三类注册证，这标志着我国临床真菌病诊断进入了"分子时代"。

首先，真菌镜检是一种简单且非常有价值的实验室诊断方法。这种方法通常用于浅表和皮下真菌感染的检测。医生通过显微镜直接观察皮肤损伤部位，如果发现菌丝或孢子，即可判断局部存在真菌感染。这种方法快速、简便，是临床常用的初步诊断手段。

其次，真菌培养是真菌检验中非常重要的环节。医生通过提取受损部位的组织细胞进行培养，可以进一步判断是否存在真菌感染，并确定致病真菌的种类。此外，真菌培养还可以评估真菌对抗真菌药物的敏感性，为临床治疗提供重要依据。

近年来，分子生物学鉴定方法在真菌检验中得到了广泛应用。这些方法通过检测真菌的 DNA 序列、基因表达等特征，实现对真菌的精准鉴定。例如，PCR 技术可以扩增真菌的特定基因片段，通过测序比对可以确定真菌的种类。此外，高通量测序技术还可以同时检测多种真菌，提高诊断的准确性和效率。

除了上述方法外，还有一些其他精准诊断方法，如血清学方法、荧光染色技术等。血清学方法通过检测血液中的真菌抗体来判断感染情况，适用于特异性真菌感染的诊断。荧光染色技术则利用特殊的荧光染料对真菌进行染色，使其在显微镜下呈现荧光，有助于更准确地观察真菌的形态和分布。

需要注意的是，不同的真菌感染部位和类型可能需要采用不同的检验方法。因此，在选择检验方法时，医生需要根据患者的具体情况进行综合评估，选择最适合的诊断方法。

总的来说，真菌检验的精准技术为临床诊断和治疗提供了有力的支持。随着技术的不断进步，相信未来会有更多精准、高效的诊断方法出现，为真菌感染患者带来更好的治疗效果和生活质量。同时，也需要加强真菌感染防控知识的普及，提高公众对真菌感染的认识和预防意识，共同维护人类健康。

第五章　病毒检验技术

第一节　病毒的基本特性与分类

一、病毒的形态

(一) 球状病毒

在微观世界中，存在着一种形状独特、威力巨大的生物——球状病毒。这些微小的生命体，尽管在宏观世界中难以察觉，却在生物体的健康与疾病之间扮演着至关重要的角色。

球状病毒，顾名思义，其形态近似于球体，这种形状赋予了它们极强的环境适应性。它们的结构通常由核酸（DNA 或 RNA）和蛋白质外壳组成，这种结构使得病毒能够稳定地存在，并在合适的时机侵入宿主细胞。

球状病毒的传播方式多种多样，包括空气传播、接触传播以及水源传播等。一旦病毒侵入宿主体内，它们会利用宿主细胞的复制机制，大量繁殖自身，从而引发一系列病理反应。这些反应可能轻微，如感冒、流感等症状，也可能严重，如肺炎、肝炎等致命疾病。

然而，球状病毒并非完全邪恶的存在。在生物演化过程中，病毒与宿主细胞之间形成了一种微妙的平衡。一些病毒在感染宿主后，并不会引发严重的疾病，而是与宿主细胞共存，共同演化。此外，科学家还发现，某些病毒在基因工程、疫苗研发等领域具有潜在的应用价值。

面对球状病毒带来的挑战，人类已经取得了一些重要的研究成果。疫苗的研发与应用，使得人类能够预防某些由病毒引起的疾病。同时，抗病毒药物的研究也在不断深入，为治疗病毒感染提供了新的手段。

然而，必须认识到，对于球状病毒的认识和研究仍有许多未知领域。随着科技的进步和研究的深入，相信未来人类将能够更全面地了解这些微观世界的神秘侵略者，为预防和治疗病毒感染提供更有效的方法。

总之，球状病毒作为微观世界中的一种重要生物体，既具有潜在的危害，也蕴含着丰富的科学价值。人们应该保持警惕，加强研究，以便更好地应对病毒带来的挑战，保护人类健康与生命安全。同时，也应该欣赏病毒在生物演化中的独特作用，探索其在科学研究领域的潜在应用。

面对球状病毒这一微小却强大的敌人，人类需要团结一致，共同努力。通过加强国际合作，分享研究成果，更快地推动病毒研究的进展，为全球公共卫生事业作出贡献。

此外，还需要提高公众的病毒防范意识，普及病毒传播和感染的相关知识。通过教育，帮助人们更好地了解病毒的危害，掌握预防病毒感染的有效方法，从而在日常生活中降低感染风险。

在未来的研究中，可以期待更多的科学家投身于球状病毒的研究领域，通过运用新技术、新方法，揭示病毒与宿主细胞相互作用的奥秘，为预防和治疗病毒感染提供新的思路。

(二) 杆状病毒

杆状病毒是近年来被广泛用于高效表达外源蛋白的载体系统，下文就杆状病毒表达系统的生物学特性、转染载体、重组病毒的筛选、基因表达调控及其发展等方面进行概述。

1. 生物学特性

杆状病毒（主要包括核型多角体病毒、颗粒体病毒和非包含体杆状病毒）有两类病毒体——芽殖病毒体（buded virion, BV）和多角体源性病毒体（polyhedron derived virion, PDV）。在病毒复制过程中，首先产生 BV，BV 核壳产生后通过芽生方式从细胞中释放出来，再感染其他细胞，复制后期产生 PDV，PDV 核壳产生后在细胞核内获得包膜，再被包被在蛋白质包含体中，直到细胞裂解后才被释放到周围环境中，再感染其他细胞。

杆状病毒的基因组为单一闭合环状双链 DNA 分子，大小为 80～160 kb，其基因组可在昆虫细胞核内复制和转录。DNA 复制后组装在杆状病毒的核衣壳内，后者具有较强的柔韧性，可以容纳较大片段的外源 DNA 插入，因此是表达大片段 DNA 的理想载体。近几十年，有关杆状病毒基因结构、功能和表达调节的研究工作进展迅速，其中研究最多的是苜蓿银纹夜蛾多角体病毒（AcNPV）。该种杆状病毒在昆虫细胞核内复制的两个显著方面就是形成 BV 和 PDV。AcNPV 的基因表达分为 4 个阶段：极早期基因表达、早期基因表达、晚期基因表达和极晚期基因表达。前两个阶段的基因表达早于 DNA 复制，而后两个阶段的基因表达则伴随着一系列的病毒 DNA 合成。其中在极晚期基因表达过程中有两种高效表达的蛋白，它们是多角体蛋白和 P10 蛋白。多角体蛋白是形成包含体的主要成分，相对分子质量约为 29 000，感染后在细胞中的累积可高达30%～50%，是病毒复制非必需成分，但对于病毒粒子却有保护作用，使之保持稳定和感染能力。P10蛋白也是一类病毒复制非必需成分，可在细胞中形成纤维状物质，可能与细胞溶解有关。P10基因和多角体基因现在都已被定位、克隆和测序。这两个基因启动子具有较强的启动能力，因此这两个基因位点成为杆状病毒表达载体系统的理想的外源基因插入位点。

2. 载体和发展

杆状病毒基因组十分庞大，不能直接对其进行操作插入外源基因，因此需要通过中间转染载体而获得重组杆状病毒。经过十多年来研究者们的不断探索，已构建出用于表达不同基因产物的各种转移载体。这些转移载体的共同特征如下：一是在一个基础质粒（如pUC系列）中插入一个多角体蛋白基因启动子（或P10基因启动子）；二是启动子下游为一个多克隆位点区，其两侧含有与杆状病毒多角体基因同源的侧翼序列；三是重组转染载体与野生型病毒AcNPV DNA共转染昆虫细胞，通过多角体蛋白基因启动子两端的侧翼同源序列与AcNPV DNA在胞内发生同源重组，使多角体基因被外源基因取代，而将外源基因整合到病毒基因组的相应位置，这样就获得了重组的杆状病毒。

杆状病毒转染载体大致可分为下面3类。

（1）用于表达融合型蛋白的转染质粒

一类早期构建的转染质粒，它包括pAC系列，如pAC101、pAC311、pAC360等。在每个载体中，多角体蛋白基因启动子下游ATG起始密码后含有一个单一的BamH I酶切位点，当外源基因和多角体基因的读码框架正确时，就可以获得含1个或几个多角体蛋白N端氨基酸的融合型外源基因。

（2）用于表达单一非融合蛋白的转染质粒

由于外加的多角体蛋白或其他的氨基酸可能对外源蛋白的生物活性或细胞定位产生影响，所以用于表达非融合型蛋白的转移载体被广泛应用。几种不同的策略被用于设计高水平表达非融合蛋白的转移载体。

第一，如pAcRP系列等，都在多角体基因启动子起始密码ATG上游引入一个单一的限制性多克隆位点。

第二，如pAcYM1和pEV55及其衍生物中都含有所有的多角体基因上游非翻译序列（包括起始密码子ATG中的A以及其后跟着的单一限制性克隆位点或多克隆位点），这样就可以避免由于5′端非翻译前导序列的缺失而影响mRNA的稳定性。

第三，如pVL941、pVL1392、pVL1393等，是将融合载体pAC311多角体基因启动子下游起始密码ATG改变为ATT。这样，插入的外源基因必须含有自身的ATG，并从此开始翻译，而多角体基因启动子驱动的mRNA转录后产物稳定水平不受影响。

（3）用于表达多个非融合蛋白的转染载体

这种载体的主要特征是含有 2 个或 2 个以上相同的启动子，可表达 2 条或 2 条以上多肽链的蛋白。如有学者构建了 pAcVC2 转染质粒，它含有两个方向相反的多角体基因启动子。重组病毒可同时表达多角体蛋白和淋巴细胞性脉络丛脑膜炎病毒（LCMV）N 蛋白。还有学者构建了可插入两种外源基因的双重表达载体，该类载体利用两个相同的多角体基因启动子，在获得重组病毒的同时可表达两种产物。

利用重组转染载体与野生型 AcNPV DNA 共转染细胞后获得重组病毒的频率是非常低的，通常只有 0.2% ~ 5%，这就为筛选重组病毒的工作造成了困难。为了提高重组效率，研究者们进行了一些探索。

第一，线性化 AcNPV DNA。Kitts（基茨）等首先提出了将 AcNPV DNA 进行线性化处理的观点。因为线性化的 AcNPV DNA 感染宿主细胞的能力很低，当与重组转移质粒发生同源重组后，原来线状的 AcNPV DNA 即可自身环化，感染细胞的能力恢复，因此感染昆虫细胞的病毒绝大多数为重组病毒，这样可使重组频率提高到 30%。

第二，致死缺陷型病毒。BaculoGoldTM 系统就是一个含致死缺陷型的线性 AcNPV DNA。这种系统的 DNA 在多角体蛋白基因下游 1.7 kb 范围内的一段复制必需基因被去除，致使这种 DNA 转染包装细胞后不能复制成熟的病毒粒子。当把重组转染质粒转染昆虫细胞后，外源基因修复了缺失部分，病毒被复活可形成具有感染能力的病毒体，再感染其他的昆虫细胞。这种 DNA 与转染质粒的重组效率可提高到 85% ~ 99%。

（三）砖形病毒

砖形病毒作为一类特殊的病毒形态，引起了广泛的关注和研究。本节将详细介绍砖形病毒的形态特点及其相关的科学认识。

首先，砖形病毒以其独特的形态得名，其外观呈现出类似砖块的形状。这种形态与其他常见的病毒形态如球形、杆状等有所不同，使得砖形病毒在病毒分类学中独树一帜。在电子显微镜下观察，砖形病毒呈现规则的矩形或近似矩形的外观，这种形态特征使得砖形病毒在病毒形态学研究中具有特殊的意义。

其次，砖形病毒的形态特点与其生物学特性密切相关。病毒的形态不仅影响其外观，还与其感染机制、宿主细胞的选择以及病毒颗粒的组装等生物过程紧密相关。砖形病毒的形态特点可能与其特殊的感染方式和复制机制有关，但具体的作用机制还需要进一步的研究和探索。

此外，砖形病毒在自然界中的分布和生态角色也是科学家们关注的焦点。砖形病毒可能感染多种宿主细胞，包括细菌、真菌以及动植物细胞等。通过对砖形病毒的研究，科学家们可以进一步了解病毒与宿主细胞之间的相互作用关系，揭示病毒在生态系统中的功能和作用。

值得一提的是，砖形病毒的研究还具有一定的实际应用价值。随着生物技术的不断发展，病毒作为一种生物工具在基因工程、疫苗制备等领域发挥着越来越重要的作用。砖形病毒作为一种独特的病毒形态，可能具有特殊的生物学特性和应用潜力，为相关领域的研究提供了新的思路和方向。

然而，砖形病毒的研究仍然面临着诸多挑战和未解之谜。例如，砖形病毒的起源、演化历程以及与其他病毒形态的关系等问题仍需要进一步的研究和探索。此外，随着新的病毒形态和种类的不断发现，病毒形态学的分类和命名体系也需要不断更新和完善。

总之，砖形病毒作为微生物病毒中的一种特殊形态，其独特的外观和生物学特性使得它在病毒学研究中具有重要意义。通过对砖形病毒的研究，人们可以更深入地了解病毒的形态与功能之间的关系，为病毒防控和生物技术应用提供新的思路和方法。未来，随着科学技术的不断进步，相信人们对砖形病毒及其相关领域的认识将会更加深入和全面。

（四）冠状病毒

1. 定义

冠状病毒在系统分类上属套式病毒目（nidovirales）冠状病毒科（coronaviridae）冠状病毒属（coronavirus）。冠状病毒属的病毒是具囊膜（envelope）、基因组为线性单股正链的 RNA 病毒，是自然界广泛存在的一大类病毒，是许多家畜、宠物以及人类疾病的重要病原，能引起多种急慢性疾病。

冠状病毒仅感染脊椎动物，如人、鼠、猪、猫、犬、狼、鸡、牛等。

2. 形态结构

冠状病毒粒子呈不规则形状，直径通常为 60～220 nm。病毒粒子外包着脂肪膜，膜表面有三种糖蛋白：刺突糖蛋白（spike protein, S, 是受体结合位点、溶细胞作用和主要抗原位点）；小包膜糖蛋白（envelope protein, E, 较小，与包膜结合的蛋白）；膜糖蛋白（membrane protein, M, 负责营养物质的跨膜运输、新生病毒出芽释放与病毒外包膜的形成）。少数种类还有血凝素糖蛋白（haemaglutinin-esterase, HE 蛋白）。冠状病毒的核酸为非节段单链（＋）RNA，长 2 731 kb，是 RNA 病毒中最长的 RNA 核酸链，具有正链 RNA 特有的重要结构特征，即 RNA 链 5′端有甲基化"帽子"，3′端有 PolyA "尾巴" 结构。这一结构与真核 mRNA 非常相似，也是其基因组 RNA 自身可以发挥翻译模板作用的重要结构基础，而省去了 RNA–DNA–RNA 的转录过程。冠状病毒的 RNA 和 RNA 之间重组率非常高，病毒出现变异正是由于这种高重组率。重组后，RNA 序列发生了变化，由此核酸编码的氨基酸序列也变了，氨基酸构成的蛋白质随之发生变化，使其抗原性发生了变化。而抗原性发生变化的结果是导致原有疫苗失效，免疫失败。

冠状病毒成熟粒子中，并不存在 RNA 病毒复制所需的 RNA 聚合酶（viral RNA polymerase），它进入宿主细胞后，直接以病毒基因组 RNA 为翻译模板，表达出病毒 RNA 聚合酶。再利用这个酶完成负链亚基因组 RNA(sub-genomic RNA) 的转录合成、各种结构蛋白 mRNA 的合成，以及病毒基因组 RNA 的复制。冠状病毒各个结构蛋白成熟的 mRNA 合成，不存在转录后的修饰剪切过程，而是直接通过 RNA 聚合酶和一些转录因子，以一种 "不连续转录" 的机制，通过识别特定的 TRS，有选择性地从负链 RNA 上，一次性转录得到构成一个成熟 mRNA 的全部组成部分。结构蛋白和基因组 RNA 复制完成后，将在宿主细胞内质网处装配（assembly）生成新的冠状病毒颗粒，并通过高尔基体分泌至细胞外，完成其生命周期。

3. 分类

根据系统发育树，冠状病毒可分为 4 个属：α、β、γ、δ，其中 β 属冠状病毒又可分为 4 个独立的亚群 A、B、C 和 D 群。

α 属冠状病毒包括人冠状病毒 229E、人冠状病毒 NL63、长翼蝠冠状病毒 HKU1、长翼蝠冠状病毒 HKU8、菊头蝠冠状病毒 HKU2 和猪流行性腹泻病毒（porcine epidemicd iarrhea virus，PEDV）、猪传染性胃肠炎病毒（swime transmissible gastroenteritis virus，TGEV）、犬冠状病毒（canine coronavirus，CCoV）和猫冠状病毒（feline coronavirus，FCoV）。

β 属冠状病毒包括人冠状病毒 HKU1、鼠冠状病毒、家蝠冠状病毒 HKU5、果蝠冠状病毒 HKU9、严重急性呼吸综合征（severe acute respiratory syndromes，SARS）相关病毒等 7 个种、牛冠状病毒（bovine coronavirus，BCoV）、人冠状病毒 OC43、马冠状病毒（equine coronavirus，ECoV）、猪血凝性脑脊髓炎病毒（swine haemagglutinating encephalomyelitis virus，SHEV）和犬呼吸道型冠状病毒（canine respiratory coronavirus，CrCoV）等。鼠冠状病毒则包括鼠肝炎病毒（mouse hepatitis virus，MHV）、大鼠冠状病毒和鸟嘴海雀病毒。严重急性呼吸综合征（SARS）相关病毒包括 SARS 病毒和其他类似 SARS 病毒。

γ 类冠状病毒主要包括禽冠状病毒如鸡传染性支气管炎病毒（infectious bronchitis virus，IBV）、白鲸冠状病毒 SW1（beluga whale coronavirus SW1，BWCoV-SW1）。禽冠

状病毒包括引起多种禽类如鸡、火鸡、麻雀、鸭、鹅、鸽子感染的冠状病毒，其中最主要的是禽传染性支气管炎病毒。

δ 属冠状病毒包括夜莺冠状病毒（bulbul coronavirus HKU11，BuCoV HKU11）、鹅口疮冠状病毒（thrush coronavirus HKU12，ThCoV HKU12）、文鸟冠状病毒（thrush coronavirus HKU12，ThCoV HKU12）、亚洲豹猫冠状病毒（Asian leopard cats coronavirus，ALCCoV）、中国白鼬獾冠状病毒（Chinese ferret-badger Coronavirus，CFBCoV）、猪 δ 冠状病毒（porcine delatcoronavirus，PDCoV）、绣眼鸟冠状病毒（white-eye coronavirus，WECoV）、麻雀冠状病毒（sparrow coronavirus，SPCoV）、鹊鸲冠状病毒（magpie robin coronavirus，MRCoV）、夜鹭冠状病毒（night heron coronavirus，NHCoV）、野鸭冠状病毒（wigeon coronavirus，WiCoV）、黑水鸡冠状病毒（common moorhen coronavirus，CMCoV）。

（五）丝状病毒

1. 定义

丝状病毒（filovirus）属于丝状病毒科，单股反链 RNA 病毒目，是一种感染脊椎动物的病毒，已知的属有埃博拉病毒、马尔堡病毒和库瓦病毒。病毒粒（virion）具有复杂构造，具外套膜（envelope）、核鞘（nucleocapsid）、聚合酶复合体和基质（matrix）。病毒粒包裹在外套膜中。病毒的外形呈丝状，或具分支多形态，或呈 U 形、6 形，或呈圆形（特别在纯化后），病毒的直径约 80 nm，长度可达 1 400 nm，纯化出的病毒长度可能达 790 ~ 970 nm。表面有瘤状突起，散布在脂质双层膜中。

2. 分类

丝状病毒科（filoviridae）有两个属，分为马尔堡病毒属和埃博拉病毒属（原称马尔堡病毒和埃博拉病毒，后升级为属）。马尔堡病毒属内仅一种病毒，为 lake victoria marburgvirus，埃博拉病毒属内有 5 种病毒。

（六）链状病毒

病毒作为生物界中最小、最简单的生命形式，一直以来都吸引着科学家的目光。它们形态各异，各具特色，链状病毒便是其中一种独特的存在。链状病毒以其独特的形态和生命周期，在微生物世界中独树一帜。

链状病毒，顾名思义，是指病毒粒子在形态上呈现链状排列的一种病毒。这种排列方式使得链状病毒在显微镜下呈现一种独特的景观，犹如一串串珠子或链条，紧密相连，却又各自独立。这种形态不仅让链状病毒在视觉上独具魅力，也为其在生物体内的传播和感染机制提供了独特的条件。

链状病毒通常由蛋白质外壳和内部的核酸组成。蛋白质外壳保护着内部的核酸，同时也决定了病毒的形态。在链状病毒中，蛋白质外壳以特定的方式排列，使得病毒粒子能够相互连接，形成链状结构。这种结构不仅增强了病毒的稳定性，还有助于病毒在宿主细胞内的传播和复制。

链状病毒的感染过程也颇具特色。它们通常通过接触传播，如空气飞沫、直接接触等途径进入宿主细胞。一旦进入细胞，链状病毒便利用其独特的形态和结构，通过细胞内的各种机制进行复制和扩散。在复制过程中，链状病毒能够保持其链状结构，使得更多的病毒粒子得以产生并传播到周围的细胞。

链状病毒在自然界中广泛存在，对人类和动物健康产生了一定的影响。一些链状病毒可以引起轻微的疾病症状，如感冒、腹泻等，另一些则可能导致严重的疾病甚至危及生命。因此，对链状病毒的研究不仅有助于深入了解微生物世界的奥秘，也为预防和治疗相关疾病提供了重要的理论基础。

随着科学技术的不断进步，对链状病毒的研究也在不断深入。科学家们通过基因测序、结构生物学等手段，逐渐揭示了链状病毒的分子结构和感染机制。这些研究成果不仅为预防和控制链状病毒相关疾病提供了有力的支持，也为开发新的抗病毒药物和治疗手段提供了可能。

总之，链状病毒作为微生物世界中的一种独特存在，其形态和生命周期都充满了奥秘和魅力。对链状病毒的研究不仅有助于人们更深入地了解微生物的多样性和复杂性，也为人类健康和疾病防控提供了新的思路和方法。未来，随着科学技术的不断发展，相信人们会对链状病毒有更深入的认识和了解，为人类的健康和福祉作出更大的贡献。

（七）具有球状头部的病毒

具有球状头部的病毒因其独特的形态而引起了科学家们的广泛关注。这类病毒通常被描述为具有一个球形的头部，这个头部是病毒的主要结构部分，它包含了病毒的遗传物质，也就是病毒的 DNA 或 RNA。头部通常是由蛋白质亚单位构成的壳体，这些亚单位紧密地排列在一起，形成了一个坚固的外壳，保护着内部的遗传物质。

球状头部的形态不仅为病毒提供了结构上的稳定性，还有助于病毒在宿主细胞内进行有效的复制和传播。头部的大小和形状会根据病毒种类的不同而有所变化，这使得病毒能够适应各种环境并成功感染各种生物体。

然而，仅仅有一个球状头部还不足以使病毒具有感染力。在头部下方，病毒通常还连接着一条或多条尾巴，这些尾巴被称为尾丝或尾管。尾丝的作用是帮助病毒附着在宿主细胞上，并引导病毒进入细胞内部。一旦病毒成功进入细胞，它的遗传物质就会被释放出来，进而控制宿主细胞的代谢活动，产生更多的病毒粒子。

具有球状头部的病毒在自然界中广泛存在，它们可以感染从细菌到人类的各种生物体。这些病毒在生态系统中扮演着重要的角色，它们可以影响宿主种群的数量和分布，甚至对全球的生物多样性产生影响。

这类病毒也可能对人类健康构成威胁。一些具有球状头部的病毒可以引发严重的疾病，如某些类型的感冒和胃肠道疾病。因此，研究和理解这些病毒的形态、结构和生命周期对于预防和治疗相关疾病具有重要意义。

总的来说，具有球状头部的病毒是一种独特的微生物，它们的形态为病毒的生存和复制提供了有力支持。通过深入研究这些病毒的形态和生物学特性，人们可以更好地理解它们在生态系统中的作用，以及它们对人类健康的影响。同时，这也为开发新的抗病毒药物和治疗方法提供了重要的线索和启示。

（八）包涵体病毒

病毒作为生命体中的一类特殊存在，其形态和结构一直是科学界关注的焦点。在这些微小而复杂的生物体中，有包涵体（inclusion body）包埋的昆虫病毒展现出了独特的形态和生物学特性。下面将对这类病毒的形态进行详细的探讨。

首先，我们需要了解什么是包涵体。包涵体病毒（occluded virus）是2012年公布的微生物学名词。包涵体是昆虫病毒感染细胞后形成的一种特殊结构，能够保护病毒不受细胞中不良因素的损害。这些包涵体通常含有多个病毒粒子，它们被包埋在一个特定的空间内，形成了一个保护性的环境。这种结构不仅有助于病毒的存活，还为其后续的侵染和复制提供了便利。

有包涵体包埋的昆虫病毒，包括核多角体病毒、质多角体病毒、颗粒体病毒和昆虫痘病毒等。有包涵体包埋的昆虫病毒在形态上呈现出多样化的特点。这些病毒的粒子通常被包裹在形态各异的包涵体内部，这些包涵体的大小、形状和位置因病毒种类和感染细胞的不同而有所差异。例如，核型多角体病毒（NPV）的包涵体呈多面体形状，位于宿主细胞核内，其大小和数量会随着感染的进程而增加。这种形态特点使得NPV在昆虫细胞内具有更强的侵染和复制能力。

除了NPV之外，还有其他类型的昆虫病毒也具有包涵体结构。质型多角体病毒的包涵体位于细胞质内，而颗粒体病毒的包涵体则存在于细胞核或细胞质中，通常仅包埋一个病毒粒子。这些病毒在形态上的差异反映了它们在生物学特性和侵染机制上的不同。

那么，这些有包涵体包埋的昆虫病毒是如何侵染和复制的呢？一般来说，病毒粒子通过某种方式进入昆虫细胞，然后在细胞内释放其核酸和蛋白质，利用宿主细胞的复制机制进行自身的复制。在这个过程中，包涵体起到了重要的保护作用，使得病毒能够在不利的环境下存活并进行复制。

此外，这些病毒对昆虫的致病机制也与其形态和包涵体结构密切相关。病毒粒子在侵染昆虫细胞后，会破坏细胞的正常功能，导致细胞死亡和组织损伤。同时，包涵体的形成也可能对细胞造成物理性的压迫和损伤，进一步加剧病情的发展。

总的来说，有包涵体包埋的昆虫病毒在形态上展现出了多样化的特点，这些特点与它们的生物学特性和侵染机制密切相关。通过对这些病毒的研究，人们可以更深入地了解微生物病毒的形态、结构和功能，为防治昆虫病毒病提供有力的理论依据和实践指导。同时，这也将有助于人们进一步认识生命的多样性和复杂性，推动生物学和医学领域的发展。

二、病毒的复制周期

病毒的复制周期是一个复杂的过程，涉及多个阶段，包括但不限于吸附、入侵、脱壳、转录/信使 RNA 复制、病毒组件合成、病毒颗粒组装和释放。这个过程在病毒进入宿主细胞后开始，并最终导致病毒颗粒的释放，从而完成一个复制周期。不同种类的病毒，其复制周期的长短和具体步骤可能有所不同，但大体上遵循相似的模式。

例如，新冠病毒的复制周期需要 15～30 h，其复制速度较快，且在 48～72 h 即可达到高峰。而烟草花叶病毒、流感病毒和枯草杆菌噬菌体的复制过程则包括吸附、进入与脱壳、病毒早期基因表达、核酸复制、晚期基因表达、装配和释放等步骤。

病毒的复制过程不仅依赖于其遗传物质（如脱氧核糖核酸或核糖核酸）的类型，还与宿主细胞类型有关。大多数以脱氧核糖核酸为遗传物质的病毒在细胞核中复制，而以核糖核酸为遗传物质的病毒则在细胞质中复制。

总的来说，病毒的复制周期是一个精细且复杂的过程，涉及多个阶段和步骤，不同种类的病毒在复制周期的细节上可能有所不同。

三、病毒的宿主范围

病毒是一类无细胞结构、仅由核酸和蛋白质组成的大分子生物，以其独特的生命特征和宿主范围引起了科学界的广泛关注。它们不仅广泛存在于自然环境中，更是人类、动物和植物许多疾病的重要病原体。下面将深入探讨病毒的宿主范围，揭示其背后的生物学奥秘。

首先需要明确病毒的宿主范围。根据其能够感染并在其中复制的宿主种类和组织细胞种类，微生物病毒被分为多个类别，包括噬菌体、植物病毒和动物病毒等。噬菌体主要感染细菌，对细菌种群和生态平衡具有重要影响；植物病毒则专门攻击植物细胞，导致植物病害；而动物病毒则能够感染包括人类在内的各种动物，引发多种疾病。

病毒在宿主范围内的选择性感染机制是病毒与宿主细胞之间复杂相互作用的结果。病毒通过与宿主细胞表面的受体结合，进而进入细胞内部进行复制。这种特异性受体与病毒蛋白之间的相互作用决定了病毒的宿主范围。因此，不同的病毒具有不同的宿主特异性，这也解释了为什么某些病毒能够感染人类，而另一些则不能。

值得注意的是，尽管病毒具有宿主特异性，但某些病毒仍具有跨物种传播的能力。这种跨物种传播通常发生在病毒发生变异或宿主细胞受体发生改变时，使得病毒能够感染原本不易感的宿主。例如，一些原本感染动物的病毒，在发生变异后，可能会感染人类，从而引发新的疫情。

其次，病毒的宿主范围还受到环境因素的影响。温度、湿度、光照等环境因素都可能影响病毒的存活和传播。因此，在不同的地理和气候条件下，病毒的宿主范围也可能发生变化。

了解微生物病毒的宿主范围对于预防和控制病毒感染具有重要意义。通过深入研究病毒的宿主特异性、跨物种传播机制以及环境因素对病毒的影响，可以更好地预测病毒的可能传播路径，制定相应的防控策略。例如，针对具有跨物种传播潜力的病毒，可以加强对其的监测和预警，及时发现并控制疫情；同时，通过提高公众对病毒感染途径和传播方式的认识，也可以有效降低病毒感染的风险。

总之，病毒的宿主范围是一个复杂而有趣的生物学问题。通过深入研究病毒的宿主特异性、跨物种传播机制以及环境因素对病毒的影响，可以更好地理解病毒的生物学特性，为预防和控制病毒感染提供有力支持。在未来的研究中，期待能够发现更多关于病毒宿主范围的奥秘，为人类的健康事业作出更大的贡献。

第二节　病毒检验的传统技术

病毒的种类繁多，引起的疾病也多种多样，因此，病毒感染的临床检测对病毒性疾病的预防及治疗非常重要。病毒的检测方法主要分为两部分，一部分是基于病毒分离培养的鉴定；另一部分是病毒的非培养鉴定。目前病毒的分离与鉴定仍是病原学诊断的金标准。

一、病毒的分离培养及鉴定

(一) 鸡胚培养

1. 临床意义

鸡胚培养是用来培养某些对鸡胚敏感的动物病毒的一种培养方法。此方法可用于进行多种病毒的分离、培养鉴定、中和实验、抗原制备以及疫苗的生产等。鸡胚的敏感范围很广，且一般无病毒隐性感染，多种病毒均能适应，因此，鸡胚培养是常用的一种培养动物病毒的方法。

2. 其他材料

① 毒种。牛痘病毒液、流感病毒液、乙型脑炎病毒液等。

② 鸡胚。白壳受精卵 (自产出后不超过 10 d，以 5 d 以内的卵为最好) 等。

③ 器材与试剂。孵箱、检卵灯、砂轮、蛋座木架、1 mL 注射器、无菌生理盐水、2.5% 的碘酒、70% 的乙醇、无菌手术刀、镊子、剪刀、橡皮乳头、封蜡 (固体石蜡加 1/4 凡士林，熔化)、无菌培养皿、灭菌盖玻片等。

3. 步骤与方法

(1) 准备鸡胚

选择健康来亨鸡的受精卵，将受精卵置于相对湿度 40% ~ 70% 的 38 ~ 39℃孵箱孵育 3 d，每天翻动鸡胚 1 次。第 4 天起，用检卵灯观察鸡胚发育情况。活受精卵可看到清晰的血管和鸡胚的暗影，随着转动鸡胚可见胚影活动。未受精卵只见模糊的卵黄阴影，不见鸡胚的形迹。若出现胚动呆滞或胚影固定于卵壳或血管暗淡模糊者，说明鸡胚生长不良，应随时淘汰。选择生长良好的鸡胚一直孵育到接种前，依据所培养的病毒种类和接种途径来选取适当胚龄的受精卵。

(2) 接种方法

① 绒毛尿囊膜接种法。

第一步，将孵育 10 ~ 12 d 的鸡胚放在检卵灯上，用笔画出胚胎近气室端绒毛尿囊膜发育良好的地方。

第二步，用碘酒消毒所标记号处，并用砂轮在该处的卵壳上磨开一个三角形 (每边约 6 mm) 的小窗，切忌弄破下面的壳膜。同时用无菌刀尖在气室顶端钻一个小孔。

第三步，用镊子揭去所开小窗处的卵壳，露出下面的壳膜，在壳膜上滴一滴生理盐水，用针尖小心划破壳膜，切勿损伤下面的绒毛尿囊膜，此时生理盐水自破口处流至绒毛尿囊膜，以利于两膜分离。

第四步，用针尖刺破气窗小孔处的壳膜，再用橡皮乳头吸出气室内的空气，使绒毛尿囊膜下陷而形成人工气室。

第五步，用注射器通过壳膜窗孔滴0.05～0.1 mL牛痘病毒液于绒毛尿囊膜上。

第六步，在卵壳的窗口周围涂上半凝固的石蜡，使之呈堤状，立即盖上消毒盖玻片。也可用揭下的卵壳封口，接缝处涂以石蜡，但石蜡不能过热，以免流入卵内。将胚始终保持在人工气室上方的位置进行培养，温度为37℃，观察48～96 h后收获。

第七步，若接种成功，可收获病毒。首先将待收获的鸡胚人工气室处消毒，用无菌镊子扩大卵窗，除去卵壳及壳膜，轻轻夹起绒毛尿囊膜，沿人工气室周围将接种的绒毛尿囊膜全部剪下，置于无菌平皿内，用无菌生理盐水洗涤1～2次，观察病毒，可在绒毛尿囊膜上见到痘斑。低温保存备用。

② 尿囊腔接种法。

第一步，将孵育10～12 d的鸡胚置于检卵灯上观察，用铅笔画出气室与胚胎位置，并在绒毛尿囊膜血管较少的地方，大约距气室底边0.5 cm处标记号。

第二步，将鸡胚竖放在蛋座木架上，钝端向上。用碘酒消毒气室蛋壳，并用无菌刀尖在记号处钻1个小孔。

第三步，用带18 mm长针头的1 mL注射器吸取流感病毒液，针头刺入孔内，经绒毛尿囊膜入尿囊腔，注入0.1～0.2 mL病毒液。

第四步，用石蜡封孔后置于35℃孵箱内孵育48～72 h，每天检视鸡胚。

第五步，72 h后取出，放于4℃冰箱内过夜，目的是冻死鸡胚并使血液凝固，避免收获时血细胞凝集病毒而降低病毒滴度。

第六步，次日取出鸡胚，消毒气室部位的卵壳，用无菌剪刀沿气室线上缘剪去卵壳，用无菌镊子撕去卵膜。再用无菌毛细管吸取尿囊液，收集于无菌试管内。注意避开血管且不要刺破卵黄囊，每只鸡胚可收获尿囊液5～6 mL，利用血凝实验检测有无病毒。

③ 羊膜腔接种法。

第一步，将孵育10～12 d的鸡胚在检卵灯上观察，用铅笔画出气室与胚胎位置，并在胚胎最靠近卵壳的地方标记号。

第二步，用碘酒消毒气室部位的蛋壳，并用砂轮在记号处的卵壳上磨开一个三角形（每边约6 mm）的小窗，切忌弄破下面的壳膜。

第三步，用无菌镊子揭去蛋壳和壳膜，滴加无菌液体石蜡1滴于下层壳膜上，使其透明以便观察。

第四步，用灭菌尖头镊子，刺穿下层壳膜和绒毛尿囊膜没有血管的地方，并夹住羊膜，将其提出绒毛尿囊膜之外。

第五步，将带有针头的注射器刺入羊膜腔内，注入流感病毒液 0.1 ~ 0.2 mL。最好用无斜削尖端的钝头，以免刺伤胚胎。同时用镊子将羊膜轻轻送回原位。

第六步，用绒毛尿囊膜接种法的封闭方法将卵壳的小窗封住，置于 35℃ 孵箱内孵育 36 ~ 48 h，保持鸡胚的钝端朝上。

第七步，收获时，先消毒气室部，剪去壳膜及绒毛尿囊膜，吸弃尿囊液，夹起羊膜，用细头毛细管刺入羊膜腔内吸取羊水，收集于无菌小瓶内冷藏备用。每只鸡胚可收获羊水 0.5 ~ 1 mL。

④ 卵黄囊接种法。

第一步，取 5 ~ 8 天的鸡胚，在检卵灯下标记气室及胚胎位置，垂直放于蛋架上，气室端向上。

第二步，用碘酒、乙醇消毒鸡胚顶部气室中央，用无菌刀尖打 1 个小孔，不损伤壳膜。

第三步，将 1 mL 注射器换上 12 号长针头，吸取乙型脑炎病毒液，迅速稳定自小孔刺入。对准胚胎对侧，垂直接种于卵黄囊内（约 30 mm），注入病毒液 0.2 ~ 0.5 mL，退出注射器。

第四步，用蜡封口，置于 35℃ 孵箱内孵育，每天检视并翻动 2 次。

第五步，取孵育 24 h 以上濒死的鸡胚，无菌操作用镊子除去气室卵壳，撕去绒毛尿囊膜和羊膜，夹起鸡胚，切断卵黄囊，将卵黄囊和绒毛尿囊膜分开，用无菌生理盐水冲去卵黄，留取卵黄囊。

4. 注意事项

① 接种鸡胚所用器械和物品均需无菌，严格遵守无菌操作程序。

② 注射器抽取病毒液后排出气体时，针头处放一个无菌干棉球，以防止病毒液溅出。

③ 在接种后 24 h 内死亡的鸡胚为非特异性死亡，应弃去不用。

④ 鸡胚具有广泛的易感性，收获物中富含大量病毒，结果易于判断，条件易于控制。

⑤ 鸡胚获取方便，价格低廉，操作简便，适用于病毒分离和大量抗原的制备。

（二）动物培养

1. 临床意义

动物实验是最早用于病毒培养的实验技术，可用于病毒的分离鉴定，还可用于抗病毒血清的制备、致病性和抗病毒药物研究等实验。根据不同的实验目的、实验动物种类和接种材料，采用不同的接种途径。常用的接种途径有皮下接种、皮内接种、静脉接种、腹腔接种、颅内接种、鼻腔接种等。

2. 材料

① 毒种。乙型脑炎病毒液、鼠肺适应株流感病毒液等。

② 其他。小白鼠（3周龄）、1 mL注射器、无菌毛细管等。

3. 步骤与方法

（1）小白鼠颅内接种

第一步，用左手将小白鼠的头部和体部进行固定。

第二步，将小白鼠头部右侧眼和耳之间的部位用碘酒、乙醇消毒。

第三步，用带有26号针头的1 mL注射器抽取乙型脑炎病毒液，在小白鼠眼后角与耳前缘及颅中线构成的三角形中心，刺入颅腔（其深度为针头的1/3），注射0.01～0.02 mL病毒液。注射完毕，将用过之物一并煮沸。

第四步，接种后每天观察数次，一般在3～4 d后发病，小白鼠食欲减退，活动迟钝、耸毛、震颤、蜷曲，尾强直，逐渐麻痹、瘫痪甚至死亡。取小白鼠脑组织，制备匀浆上清液，可进一步传代并进行病毒鉴定。

（2）小白鼠鼻腔接种

第一步，接种前先用蘸有乙醚的棉球放于小白鼠鼻子处，通过吸入麻醉小白鼠。

第二步，用无菌毛细管吸取少许鼠肺适应株流感病毒液，将麻醉后的小白鼠鼻孔向上，直接滴入流感病毒液，使液滴随动物呼吸进入鼻腔，一般滴入0.03～0.05 mL，不宜过多。

第三步，继续将小白鼠放入笼中喂养，逐日观察。

第四步，小白鼠一般数日后发病，出现咳嗽、呼吸加快，最后死亡。剖检肺部可发现感染性病灶，取呼吸道洗液可获病毒。

4. 注意事项与小结

① 动物实验室必须达到相应的级别，具备严格的消毒条件。操作人员应注意安全。

② 操作要细致，防止小白鼠死亡。

③ 实验所用物品及实验动物，用后须彻底消毒，以确保不污染环境。

(三) 组织细胞培养

1. 临床意义

细胞培养是病毒分离检测的常规手段，从培养细胞中分离病毒的方法被认为是病毒检测和诊断的金标准，可分为原代培养和传代培养两种。常用于病毒的分离鉴定、疫苗的制备及抗病毒药物筛选等研究。病毒对宿主细胞常见的损害包括致细胞病变效应（CPE），使细胞变圆，细胞质地发生改变（颗粒状或透明玻璃质），以及发生细胞融合、病毒包涵体形成、细胞空泡形成等，甚至死亡、溶解等情况。

2. 材料

① 毒种。水疱性口炎病毒液。

② 培养基。细胞生长培养基（含 10% 胎牛血清及 100 U/mL 青霉素、链霉素双抗的 RPMI-1640 液），维持培养基（无血清或含 2% 胎牛血清的 RPMI-1640 液），血清需于 56℃下灭活 30 min，以消除对病毒的干扰。

③ 宿主细胞。9 ~ 11 d 鸡胚，Hela 细胞等。

④ 试剂。0.25% 的胰蛋白酶、Hanks 液、75% 的乙醇、双抗（青霉素和链霉素）、PBS，Bouin's 固定液、吉姆萨缓冲液、吉姆萨染液、二甲苯、丙酮、丙酮 – 二甲苯溶液（2∶1、1∶2）、中性树胶等。

⑤ 其他。培养瓶、青霉素瓶、小玻璃漏斗、三角烧瓶、平皿、吸管、试管、无菌眼科剪、废液缸、血细胞计数板、蜡盘、手术器械、10 ~ 100 μL 加样枪、生物安全柜（超净台）、二氧化碳培养箱、倒置显微镜等。

3. 步骤与方法

(1) 原代培养

① 取胚：以 75% 的乙醇消毒鸡胚气室部分，除去卵壳，用无菌镊子将鸡胚取出，放置于无菌平皿中，用 Hanks 液洗涤 3 次。

② 分离组织：用手术器械分离外膜和结缔组织后，用弯头剪将胚胎尽量剪碎，使每个组织块小于 1 mm³。在操作时应尽量将平皿盖半盖住平皿，以防空气中尘埃落下污染组织。再用含有双抗的 Hanks 液洗涤 2 次后自然沉淀，用吸管吸去上清液。

③ 消化：加入 0.25% 胰蛋白酶溶液进行消化，置于 37℃水浴箱消化 15 ~ 30 min，吸弃胰酶溶液，用冷的 Hanks 液轻洗 1 ~ 3 次，以去除残存的胰蛋白酶。

④ 分散细胞及计数：加入 10 mL 不含血清的培养液，反复吹打细胞悬液使其充分分散，再将细胞悬液通过不锈钢筛网进行收集并用血细胞计数板进行计数。

⑤ 细胞分装培养：以 3×10^4 个 /mL 的细胞浓度接种分装于培养瓶内，培养基为细胞生长培养基。轻轻地前、后、左、右摇晃使细胞分布均匀。将培养瓶置于二氧化碳培养箱培养过夜，第二天在倒置显微镜下观察细胞是否长出单层，分布是否均匀并达到 80% 以上的融合度。

⑥ 病毒的接种：选择 2 瓶已长成单层的细胞，吸去培养液，用 Hanks 液洗涤 2 次，其中一瓶加入 100 μL 病毒液和 0.5 mL 维持培养基，摇匀，置于二氧化碳培养箱 37℃下吸附 30 min，然后吸弃病毒接种液，加新鲜维持培养基；另一瓶不接种，

直接加入新鲜维持培养基后，作为空白对照。将2瓶细胞置于二氧化碳培养箱37℃下培养24 h，追踪观察CPE发生情况。

⑦ 吉姆萨染色：一旦观察到CPE，轻轻地用PBS先将细胞洗3次，每次5 min，继而加入Bouin's固定液固定10 min后，用吉姆萨缓冲液洗3次，然后加入吉姆萨染液染色1 h，再用吉姆萨缓冲液清洗后依次用丙酮处理15 s，2∶1的丙酮－二甲苯溶液处理30 s，1∶2的丙酮－二甲苯溶液处理30 s，最后用二甲苯处理10 min，紧接着用中性树胶封片。显微镜下观察CPE、包涵体、细胞融合及病毒空泡形成情况。

⑧ 病变程度用"+"表示。

－：无细胞变化。

+：1/4的细胞出现病变。

++：1/4～1/2的细胞出现病变。

+++：1/2～3/4的细胞出现病变。

++++：3/4至全部的细胞出现病变。

(2) 传代培养

① 传代。

第一步，选择细胞覆盖率达到80%～90%的单层Hela细胞1瓶，先将原有培养基吸弃，再用Hanks液洗涤2次。

第二步，加适量的0.25%胰蛋白酶溶液，使其覆盖细胞单层，消化1～2 min。

第三步，在显微镜下观察到细胞固缩、变圆，细胞间出现间隙时终止消化。

第四步，吸弃消化液，加入等体积的细胞生长培养基，用吸管吹打细胞，使细胞脱落、悬浮成单个细胞。

第五步，按原来体积2～4倍的比例稀释后分瓶培养，一般2～3 d即可长成单层。

② 冻存。

第一步，把细胞消化下来并离心(同上)。

第二步，用配好的冻存液将细胞悬浮起来，分装到灭菌的冻存管中，静置几分钟，写明细胞种类、冻存日期。

第三步，依次置于4℃下30 min、–20℃下30 min、–80℃下过夜，然后放到液氮罐中保存。

③ 复苏。

第一步，把冻存管从液氮中取出来，立即投入37℃水浴锅中，轻微摇动。融化后(大概1～1.5 min)，拿出来喷乙醇后放到超净工作台里。

第二步，把上述细胞悬液吸到装有10 mL培养基的15 mL的离心管中(用培养基把冻存管洗一遍,把沾在壁上的细胞都洗下来),以 1 000 r/min 的速度离心 5 min。

第三步,弃上清液,加 1 mL 培养基把细胞悬浮起来。吸到装有 10 mL 培养基的 10 cm 培养皿中,前、后、左、右轻轻摇动,使培养皿中的细胞均匀分布。

第四步,标好细胞种类、日期、培养人名字等,放到二氧化碳培养箱中培养,待细胞贴壁后更换培养基。

第五步,每 3 天换一次培养基。

4. 注意事项与小结

① 严格进行动物皮肤消毒,使用 3 套器械取材。新生动物皮肤先用 2% 碘酒消毒,成年动物先用 3% ~ 5% 碘酒消毒,后用 75% 乙醇消毒。

② 严格进行无菌操作,防止细菌、霉菌、支原体污染,避免化学物质污染。

③ 吸取液体前,对瓶口和吸管进行火焰消毒;吸取液体时,避免瓶口和吸管碰撞。

④ 离心管入台前,管口、管壁应消毒。

⑤ 实验者离开超净台时,要随时用肘部关闭工作窗。

⑥ 使用过的器械用酒精棉球擦去血污后,移入另一个器皿中继续消毒,在浸泡器械时剪刀口要叉开放,镊子弯头要向下放,并加盖消毒。

(四) 病毒定量的常用方法

1. 血凝实验

(1) 原理

血凝实验是对病毒颗粒进行间接定量的最常用的方法,检测样本通常为细胞培养上清液或从鸡蛋中收集的鸡胚尿囊液。本实验利用的是有些病毒蛋白(如流感病毒的凝集素)具有结合并凝集红细胞(RBC)的特性。

(2) 步骤与方法

① 制备病毒稀释液,每孔加 50 μL PBS 至圆底 96 孔培养板。

② 加 50 μL 病毒液至第一孔,混合均匀后,吸 50 μL 至第 2 孔,混匀,依次倍比稀释,最后一孔吸 50 μL,弃至漂白水中。

③ 依次向各孔加入 0.5% 火鸡红细胞悬液 50 μL,轻轻混匀,室温下静置 30 ~ 60 min 后观察结果。

(3) 结果

不凝集者,红细胞呈点状沉于孔底,为阴性;若红细胞发生凝集,红细胞会均匀平铺于整个孔底,则为阳性。以出现 50% 凝集阳性的最高稀释度为病毒的血凝滴度。

2. 病毒空斑实验

(1) 原理

病毒空斑实验是使用非常广泛的一种病毒滴度检测方法。一个空斑通常是由最初感染培养的宿主细胞单层的一个病毒颗粒形成的。在细胞单层上覆盖一层半固体培养基（最常用的是琼脂糖），以防病毒从一开始的宿主细胞扩散至附近未感染的细胞。这样，每个病毒颗粒会在单层细胞上形成一个由未感染细胞围绕的小圆斑，称为空斑，当空斑长到足够大时，可在显微镜下观察甚至直接肉眼可见。计数不同稀释度下的空斑形成数量可以知道每毫升病毒颗粒数或每毫升空斑形成单位（PFU）。由于每个空斑均来自起初的1个病毒颗粒，这样可以从单个空斑中纯化得到来源于单个克隆的病毒种群。但很多时候，为了更清楚地辨别空斑，需要对细胞用 MTT 或中性红等染料进行染色以增加细胞与空斑间的对比度。

(2) 步骤与方法

① 细胞接种：每孔按 1×10^6 个 /mL 细胞培养基接种细胞至6孔培养板内。轻轻地前、后、左、右摇晃培养板使细胞分布均匀。将细胞置于培养箱生长过夜。第二天，显微镜下观察细胞，确认细胞是否分布均匀并达到80%以上的融合度。

② 制备琼脂糖：用蒸馏水配制2%的琼脂糖，高压蒸汽灭菌并使之溶化，然后将琼脂糖置于42℃水浴中使之保持在溶解状态。同时将细胞培养基预热至37℃。

③ 准备病毒梯度稀释液：标记6个无菌离心管，用于制备病毒稀释液。在第1管内加入 990 μL 细胞生长培养基，剩下5管分别加入 900 μL 细胞生长培养基。按以下方法进行梯度稀释：在第1管中加入 10 μL 病毒原液（稀释度 1∶100）充分混匀，然后从第1管吸 100 μL 加入第2管，依次类推，进行10倍梯度稀释。第2管至第6管的稀释度分别为 10^{-3} 到 10^{-7}。

④ 感染细胞单层：用无菌吸管吸去6孔培养板中的培养液，每孔加入 100 μL 上述稀释好的 10^{-3} 到 10^{-7} 的病毒液，留一个孔不加病毒液作为空白对照。每板按同样的方法操作。室温放置 1 h 让病毒进入宿主细胞。

⑤ 覆盖琼脂糖：1 h 后，小心吸去病毒液，避免碰到细胞。将2%的琼脂糖和预热的培养基按 1∶1 的比例混匀后轻轻地加 1.5 mL 至每孔细胞上，室温静置 20 min 使其冷却凝固成覆盖层。将培养板置于室温或37℃培养 6～10 天。

(3) 结果

空斑观察和计数：用光从 45° 角照射培养板，或者将培养板倒置于一个黑色背景上，计数空斑数量。为了更易于观察，也可以每孔加入 1 mL 0.03% 的中性红（用水或 PBS 稀释），室温或37℃孵育 2～3 h，未被病毒感染的细胞会被中性红染上，而中间未着色的小区域即为空斑（直径为 0.5～3 mm）。计数每孔的空斑数量并按以下方法计算病毒滴度：病毒滴度（PFU/mL）＝空斑数 ×（1 mL/0.1 mL）/ 稀释倍数。

3. 半数组织培养感染剂量 TCID$_{50}$ 测定

（1）原理

TCID$_{50}$（tissue culture infective dose）即半数组织培养感染剂量，又称 50% 组织细胞感染量，是指能在半数细胞培养板孔或试管内引起 CPE 的病毒量。病毒的毒价通常以每毫升或每毫克含多少 TCID$_{50}$ 表示。

（2）步骤与方法

① 宿主细胞接种：每孔按 $1×10^4$ 个 /mL 细胞浓度接种细胞至 48 孔培养板内，轻轻地前、后、左、右摇晃培养板使细胞分布均匀。将细胞置于培养箱生长过夜。第二天在显微镜下观察细胞，确认细胞是否分布均匀并达到 80% 以上的融合度。

② 制备病毒梯度稀释液：在病毒感染当天，将病毒原液用细胞生长培养基按以下方法进行 1：10 梯度稀释。每个病毒样本标记 24 个无菌离心管，按 6(行) ×4(列) 排好，每列有 6 管。在第一行的 4 个管内加入 990 μL 细胞生长培养基，剩下 5 行每管加 900 μL 细胞生长培养基。将病毒原液加 10 μL 至第 1 行的每个管中进行 1：100 稀释。然后从第一行每管中吸取 100 μL 加入第 2 行相对应的管中，依次类推，进行 10 倍梯度稀释。每列第 2 管至第 6 管的稀释度分别为 10^{-3} 到 10^{-7}。

③ 感染细胞单层：在 48 孔培养板的盖子上标好标记，每个条件有 4 个复孔，上方写上病毒名称，侧面标上每行相应的病毒稀释度，每板要有 4 孔不加病毒的阴性对照。小心吸去每孔内的培养基至剩 0.1 mL，轻轻加入 0.1 mL 不同稀释度的病毒液至每孔内，每个稀释度感染 4 个复孔，按稀释度从高到低顺序加，即从 48 孔培养板的下面往上加。在 37℃ 下孵育 2 h 使病毒充分接触细胞，然后在每孔中加入 0.5 mL 维持培养基，并将细胞置于 37℃ 二氧化碳培养箱内培养 1～4 周，其间监测 CPE 的形成情况。

（3）结果

观察并计算 TCID$_{50}$ 值：在倒置显微镜下观察各稀释度的 CPE 发生情况。用一系列梯度稀释的病毒样本感染培养的细胞单层，每个稀释度感染 4 孔细胞（4 个复孔）。培养一定的时间后，观察 CPE，其中观察到 CPE 的孔标记为阳性（＋）。如某稀释度的 4 个孔中，有一半的孔（2 孔）为 CPE 阳性，其余一半（2 孔）为阴性，则该稀释度即为终点（50% 的平行培养的细胞复孔被病毒感染的稀释度）。根据该结果可计算每毫升 50% 感染剂量（即 TCID$_{50}$）。

二、病毒的非培养鉴定技术

(一) 病毒的抗原检测 (胶体金法检测粪便中诺如病毒抗原)

1. 临床意义

诺如病毒（NOV）是引起腹泻的主要病原体之一，常在社区、学校等场所集体暴发，尤其对儿童可导致水、电解质紊乱，严重危害患儿身心健康甚至危及生命，在临床上越来越受到重视。该病毒主要来源于粪便，具有高度传染性，对其中病毒抗原的检测是诊断人类诺如病毒感染的特异性方法，可为临床提供有价值的依据。

2. 目的要求

掌握胶体金法检测粪便中诺如病毒抗原的操作方法、结果判断及临床意义。

3. 标本与材料

① 标本。待检粪便。

② 材料。测试卡 20 份，样本收集管 (含样本稀释液)20 支等。

4. 步骤与方法

(1) 原理

诺如病毒检测试条是以双抗体夹心法为基础，采用免疫层析金标记技术，快速检测患者粪便中诺如病毒抗原。检测时一个抗体吸附在硝酸纤维素膜（NC 膜）上，另一个抗体结合于胶体金颗粒表面，当粪便标本中含有诺如病毒抗原时，先与 NC 膜上面抗体结合，然后与金标记抗体液反应，于是形成抗体－抗原－金标记抗体的夹心复合物，并呈现出紫红色沉淀线即可确证。

(2) 方法

第一步，用样本收集拭子从大便标本中收取大约 50 mg 的样本。

第二步，打开样本收集管，插入拭子。

第三步，搅动拭子直到样本溶入样本稀释液中，然后丢弃拭子。

第四步，从包装盒里拿出测试卡，平放于干燥平面上。

第五步，将样本收集管摇匀后，吸取一定量的样本上清液，滴加 3 ~ 4 滴 (120 ~ 150 μL) 到测试卡加样孔中。

第六步，室温下 10 ~ 20 min 内报告结果。

第七步，结果观察。

阴性结果：在反应窗内只出现质控线 C 带紫红色线。

阳性结果：在反应窗内出现检测线 T 带和质控线 C 带两条紫红色线。

无效结果：反应窗内在测试后不出现紫红色线，表明测试无效，建议使用新的测试卡。

5. 注意事项与小结

① 在规定的观察时间内，无论色带深浅均判定为阳性结果。

② 为防止引起医院内感染，对送检粪便样本及实验废弃物均视作生物危险品处理。

(二) 病毒的抗体检测 (ELISA 检测 HIV 抗体)

1. 临床意义

酶联免疫吸附实验 (ELISA) 通过对抗原或抗体的酶标记，利用酶反应的敏感度和抗体的特异性，在临床快速病原检测中得到广泛应用。ELISA 主要有两大类型：一是检测抗原的 ELISA，即通过特异性抗体与固相载体结合，检测样本中相应的病毒抗原；二是检测抗体的 ELISA，即通过抗原与固相载体结合，检测样本中相应的特异性抗体。本实验是将 HIV 抗原包被于固相基质表面用以检测患者样本中相应的 HIV 特异性抗体的水平。

2. 目的要求

掌握 ELISA 检测 HIV 特异性抗体的操作方法、结果判断及临床意义。

3. 材料

① 抗原。HIV 抗原。

② 试剂。包被液 (50 mmol/L 碳酸钠，pH 为 9.6；20 mmol/L Tris-HCL，pH 为 8.5)、洗涤液 (PBS- 吐温 -20：± 每升 PBS 加 1 mL 吐温 -20)、封闭液 (含 1%BSA 的 PBS 或脱脂牛奶)、0.1 mol/L 醋酸钠的 TMB 溶液 (加 30% 过氧化氢溶液使醋酸终浓度为 0.01%)、第二抗体等。

③ 器材。10 ~ 100 μL 加样枪、枪头、高吸附平底 96 孔培养板、离心管、酶标仪等。

4. 步骤与方法

(1) 抗原包被

用包被液稀释抗原 (浓度范围为 0.2 ~ 10 μL/mL)，每孔加 100 μL 至高吸附平底 96 孔培养板，用封口膜将培养板密封以防止挥发，置于 4℃ 冰箱孵育过夜或置于室温孵育 2 h (也可以在 37℃ 下孵育 1 h)。第二天，弃去包被液并用蒸馏水或去离子水洗两遍。

(2) 封闭

每孔加入 50 ~ 200 μL 封闭液，于 37℃ 下或室温下孵育 1 h，孵育时用保鲜膜包好或置于湿盒中。

（3）加受检抗体

弃去封闭液，加 100 μL 患者血清样本至每孔，于 37℃ 下孵育 1 h。样本的推荐稀释度为 1：10、1：100、1：1 000、1：10 000，以及不稀释。吸去含被检样本的溶液，用洗涤液或蒸馏水清洗 10 遍。用封闭液将第二抗体稀释至推荐浓度，每孔加入 100 μL，密封，在室温下或 37℃ 下摇晃孵育 1 h，洗涤。

（4）底物显色

每孔加 100 μL TBM 溶液，在室温下反应 30 min。如有需要，当颜色深度达到要求后，加入 50 μL 10% 的磷酸溶液终止反应，在酶标仪上检测相应波长的吸光度。

5. 注意事项与小结

① 试剂使用前轻摇混匀。浓缩液出现结晶时，置于 37℃ 下溶解。不同批号或不同厂家的试剂不可混用。

② 所有标本、废弃物、对照等均按传染性污染物处理。

③ 结果判定必须在 15 min 内完成。

（三）病毒的核酸检测（PCR 法检测 HPV DNA）

1. 临床意义

利用分子生物学方法检测血液中是否存在病毒核酸，从而诊断有无相应病毒感染是目前病毒性疾病快速诊断的主要方法，主要包括 PCR、核酸杂交等。本实验通过 PCR 法检测患者宫颈脱落细胞标本中 HPV DNA，为临床尖锐湿疣、宫颈癌等疾病的诊断和治疗提供参考。

2. 目的要求

掌握 PCR 法检测 HPV DNA 的分子生物学原理及应用方法。

3. 材料

① 标本。临床标本及对照 HPV 待检血清、阳性对照血清或者阳性模板等。

② PCR 反应试剂。细胞裂解液即 50 mmol/L pH 为 7.4 的 Tris–HCl、150 mmol/L 的 NaCl、1 mmol/L 的 PMSF、1 mmol/L 的 EDTA、5 μg/mL 的 Aprotinin、5 μg/mL 的 Leupeptin、1% 的 Triton X–100、1% 的 Sodium deoxycholate dNTPs、Taq DNA 聚合酶、HPV 阳性模板 10 ng/mL 等。

③ 引物。HPV 上游引物 5′ —CGTCCAAGAGGAAACTGATC—3′ 和下游引物 5′—GCACAGG—GACATAATAATGG—3′ 各 12.5 pmol/L，能检测包括 HPV6 型、11 型、16 型、18 型等在内的多型 HPV 病毒。

④ 电泳用试剂。琼脂糖、溴化乙啶、DNA Marker、电泳缓冲液（TAE pH 为 7.8）等。

⑤仪器。PCR 扩增仪、电泳仪、凝胶成像仪等。

⑥其他。Eppendorf 管、PCR 反应管、微量加样枪等。

4. 步骤与方法

（1）标本处理

取患者宫颈脱落细胞标本，以 1 500 r/min 的速度离心 10 min 后，弃去上清液，加入 100 μL 细胞裂解液混匀。经 55℃水浴 50 min 以及 100℃沸水浴 10 min，继续以 10 000 r/min 的速度离心 5 min 后取上清液作为标本 DNA 模板。

（2）核酸扩增

取 PCR 反应管加入提取好的标本 DNA 模板 2 μL（或直接加 2 μL 阳性模板作为阳性对照），加入 HPV 上游引物、下游引物、dNTPs，无菌去离子水加至 50 μL 后放入 95℃水浴 10 min，取出后以 5 000 r/min 的速度离心数秒，加入 Taq DNA 聚合酶 3 U/μL 和 50 μL 无菌液体石蜡按下列条件扩增：于 93℃下 3 min，预变性，然后于 93℃下变性反应 1 min、于 55℃下退火反应 45 s、于 72℃下延伸反应 1.5 min，共进行 35 个循环，最后置于 72℃下保温 5 min。

（3）电泳检测

直接从 PCR 扩增后的反应管中取 10 μL 下层液体加样，经 2% 的琼脂糖凝胶电泳 30 min（5 V/cm）后于凝胶成像仪上观察。若在阳性模板对照处出现橙黄色条带，则为 HPV 阳性。

5. 注意事项与小结

① DNA 提取物使用前需充分融化后混匀。

②反应液表面要加封盖剂，防止反应液蒸发。

③反应管加入标本 DNA 模板后要充分混匀。

④电泳点样时，枪头切勿损坏样本槽，否则影响条带形成。

第三节　病毒检验的精准技术

一、核酸检测

随着科学技术的不断发展，病毒检验技术也在不断进步。其中，核酸检测技术以其高灵敏度、高特异性以及快速准确的特性，成为病毒检验领域的重要技术手段。本节将详细阐述核酸检测技术的原理、应用及其在临床诊断中的意义。

核酸检测技术，简而言之，就是通过分子生物学技术检测各种体液标本或组织标本的病原体核酸，以确定是否发生病原体感染。这一技术主要依赖于对病毒特异性核酸序列的识别与检测。病毒作为一种微生物，其遗传物质主要为 DNA 或 RNA，而核酸检测正是通过识别这些独特的核酸序列，从而实现对病毒的精准检测。

在临床应用中，核酸检测技术广泛应用于各种病毒感染性疾病的诊断。以新冠病毒感染为例，通过采集患者的呼吸道标本、血液或粪便等样本，利用核酸检测技术检测样本中是否存在新型冠状病毒的核酸，从而判断患者是否被感染。此外，核酸检测技术还可应用于其他病毒性疾病的诊断，如乙肝、丙肝、艾滋病等。

核酸检测技术具有许多优势。首先，其高灵敏度意味着即使病毒载量较低，也能被有效检测出来，从而提高了诊断的准确性。其次，高特异性使得核酸检测能够准确区分不同种类的病毒，避免了误诊和漏诊的情况。最后，核酸检测技术还具有快速性，能够在短时间内完成大量样本的检测，为疫情防控提供了有力支持。

然而，核酸检测技术也存在一定的局限性。例如，采样过程可能受到操作技术、样本质量等多种因素的影响，从而影响检测结果的准确性。此外，核酸检测技术的成本相对较高，需要专业的实验室设备和技术人员进行操作，这也限制了其在一些资源有限地区的应用。

总之，核酸检测技术作为病毒检验领域的精准技术手段，具有广泛的应用前景和重要的临床意义。随着科技的不断进步和方法的优化，相信核酸检测技术将在未来的病毒检验领域发挥更加重要的作用，为人类的健康事业作出更大的贡献。

尽管核酸检测技术存在一些局限性，但随着技术的不断发展和完善，这些问题有望得到解决。例如，通过改进采样方法、优化实验条件以及提高检测设备的自动化程度，可以进一步提高核酸检测的准确性和效率。同时，随着基因测序技术的不断进步，我们还可以更加深入地了解病毒的基因组结构和变异情况，为疫情防控提供更加精准的依据。

此外，随着人工智能和大数据技术的应用，我们可以对核酸检测数据进行深度挖掘和分析，从而更好地预测病毒的传播趋势和变异情况，为疫情防控提供更有力的支持。同时，这些技术还可以帮助我们优化检测流程，提高检测效率，降低检测成本，使得核酸检测技术更加普及和可及。

总之，核酸检测技术作为病毒检验领域的精准技术手段，已经取得了显著的成果和进展。未来，随着技术的不断发展和完善，相信核酸检测技术将在病毒检验领域发挥更加重要的作用，为人类的健康事业作出更大的贡献。同时，我们也需要不断探索新的检测技术和方法，以应对不断变化的病毒威胁，确保人类的健康和安全。

二、基因测序

(一) 定义

基因测序是一种新型基因检测技术，能够从血液或唾液中分析测定基因全序列，预测罹患多种疾病的可能性，个体的行为特征及行为合理。基因测序技术能锁定个人病变基因，提前预防和治疗。

基因测序相关产品和技术已由实验室研究演变到临床使用，可以说基因测序技术是下一种改变世界的技术。

(二) 技术原理

基因测序技术能锁定个人病变基因，提前预防和治疗。

自 20 世纪 90 年代初，学界开始涉足"人类基因组计划"。而传统的测序方式是利用光学测序技术。用不同颜色的荧光标记 4 种不同的碱基，然后用激光光源去捕捉荧光信号，从而获得待测基因的序列信息。

虽然这种方法检测可靠，但是价格不菲，一台仪器的价格为 50 万到 75 万美元，而检测一次的费用也高达 5 000 到 1 万美元。

最新的基因测序仪中，芯片代替了传统激光镜头、荧光染色剂等，芯片就是测序仪。

通过半导体感应器，仪器对 DNA 复制时产生的离子流实现直接检测。当试剂通过集成的流体通路进入芯片中，密布于芯片上的反应孔立即成为上百万个微反应体系。

这种技术组合，使研究人员能够在短短 2 小时内获取基因信息。而使用传统的光学测序技术需等待数周乃至数月后才能得到结果，同时，检测一次的费用也降到了最低 1 000 美元。

(三) 操作设备

过长的测序周期以及上万美元的仪器成本，成了阻碍基因测序进入寻常百姓家的障碍。而运用新技术的基因测序仪大大降低了基因组测序的门槛，使得更多研究人员能够使用这项技术开发多种应用。

总部位于美国加利福尼亚州的生命技术公司（Life Technologies），最近正在中国推出台式基因测序仪 Ion Proton，并称这款产品可在一天内完成个人全基因组测序。这意味着基因测序技术有望走进临床实践，普通老百姓也能得知自己的基因序列。但是，这款产品还未获得美国食品药品监督管理局（FDA）和中国国家食品药品监督管理总局（CFDA）的权威认证，其具体作用还有待检验。

总部位于深圳的基因组学研究中心华大基因 2013 年完成对人类全基因组精准测序的创新领导者 Complete Genomics（简称"CG"）公司的收购，2015 年 CG 推出一款完全集成式的"超级测序仪"Revolocity™，澳大利亚健康服务公司 Mater 和荷兰奈梅亨大学医学中心成为 Revolocity™测序系统的首批用户。

华大基因拥有 Complete Genomics、Illumina HiSeq、ABI SOLiD System、Roche GS FLX Platform、Ion Torrent 及 Ion Proton 等新一代测序平台。其中 Complete Genomics 测序平台华大基因完全拥有自主知识产权。

（四）主要功能

基因测序只是基因检测的方法之一，又叫基因谱测序，是国际上公认的一种基因检测标准。

基因测序广为人知的还有针对唐氏综合征筛查的无创产前基因检测。只需要采集孕妇的外周血，通过对血液中游离 DNA（包括胎儿游离 DNA）进行测序，并将测序结果进行生物学分析，从而得出胎儿是否患有染色体数目异常的疾病，包括常见的 21- 三体综合征（唐氏综合征）、18- 三体综合征（爱德华氏综合征）和 13- 三体综合征（Patau 综合征）。

H7N9，就是中国科学家通过基因测序等技术手段，发现的一种新型重配禽流感病毒。

（五）应用领域

英国伦敦大学学院和美国罗格斯大学的联合研究团队，将基因测序技术和超级计算机技术相结合，试图探索解决这一命题。研究人员把艾滋病（HIV）蛋白酶分子作为对象，酶在不同人体中形状略有不同，尤其是在蛋白质活动区，在那里酶完成切片并构成了下一个病毒，进而形成特定的病毒基因序列。如果知道了酶的形状，就可以找到相应的药物来阻止这一过程。研究人员通过模拟人体中不同形状的艾滋病病毒感染的关键蛋白质，演示了由计算机优化给出的多种艾滋病治疗药物疗效的排序清单。英国伦敦大学学院的皮特·柯文尼教授称："有可能通过病人的基因组序列，推断出酶的形状，构建准确的蛋白质三维结构，筛选匹配药物，并将结果告诉主治医生给出最优处方。"研究团队已采用这一思路，对市场上在用的 9 种艾滋病治疗药物中的 7 种进行了排序验证。

科学家表示实际工作远比看起来复杂。他们建立的 50 多个模拟模型，就要配有 5 000 个处理器的计算机不停地计算 12～18 h，还要对计算结果进行大量的数据分析，才能给出药物的排序。通用计算机技术很难胜任这样的工作，乐观地看，依当前计算机技术的发展速度看，也许 10 年后真能实现计算机为病人"抓药"。

（六）主要问题：基因测序是把双刃剑

基因测序虽然是一种很好的治疗手段，但是中国科学院北京基因组研究所教授甄二真表示，从应用的角度来说，科学家只确定了部分的基因位点与疾病的确切关系，也就是说真正可以用于临床诊断和指导治疗的基因检测并不多。要想真正用基因来诊病，还需要时间。

基因测序就像一把双刃剑，如果运用得不得法，也有消极的一面。若全基因的检测普及，含有基因缺陷的人的信息，一旦落入被测者雇主的手中，将对他的生活产生不良影响。

而且基因测序尚不确定是个性化治疗的唯一基础，还包括基因治疗等其他技术基础。更重要的是，对于任何基因测序的设备来说，用于临床前必须对其可靠性和可重复性完成好完备的临床试验，并且取得相关部门的权威认证。

三、快速筛查技术

病毒检验是医学、生物学和环境科学等领域中至关重要的环节。随着科技的进步，快速筛查技术已经成为病毒检验的重要手段，极大地提高了检验的效率和准确性。本节将详细介绍几种目前应用广泛的微生物病毒快速筛查技术。

首先，免疫层析试验（ICT）是一种常用的快速免疫学检测技术。它基于特定的抗体与目标微生物或病毒的结合反应，实现对病原体的快速筛查。ICT 技术的优势在于其简便、快速和准确性高，特别适用于野外或紧急情况下的初步筛查。通过 ICT 技术，可以在短时间内对大量样本进行快速检测，为疾病的早期发现和控制提供有力支持。

其次，外接质谱技术（MALDI-TOF）在病毒检验中也发挥着重要作用。该技术通过微生物分子的质谱指纹图谱来区分不同的菌株或病毒。MALDI-TOF 技术具有高通量、高灵敏度和高分辨率的特点，可以在几分钟内确定微生物的种类和亚种，甚至可以在多个菌株中区分出具有不同耐药性的菌株。因此，MALDI-TOF 技术对于快速鉴定和筛查病毒具有重要的应用价值。

此外，基因检测芯片技术（DNA 芯片）也是一种高通量的基因检测技术，适用于病毒的快速筛查。芯片上固定了数千个 DNA 或 RNA 探针，可以同时检测多种病原微生物或病毒。通过芯片检测，可以在几小时内得出某种微生物或病毒的复杂信息，包括其种类、数量、耐药性等。这种技术不仅提高了检测效率，还为疾病的预防和治疗提供了重要的参考信息。

　　除了上述技术外，PCR 技术也是病毒检验中常用的快速筛查手段。PCR 技术通过扩增微生物或病毒的核酸来检测其存在，具有高度的敏感性和特异性。通过 PCR 技术，可以在短时间内对样本中的病毒进行扩增和检测，为疾病的早期发现和治疗提供有力支持。

　　快速筛查技术在病毒检验中发挥着越来越重要的作用。这些技术不仅提高了检验的效率和准确性，还为疾病的预防、诊断和治疗提供了重要的参考信息。随着科技的不断发展，相信未来会有更多更先进的快速筛查技术应用于病毒检验领域，为人类的健康事业作出更大的贡献。

结束语

在深入探讨"微生物精准检验技术研究"这一主题后，不难发现，微生物精准检验技术已逐渐成为现代科学研究与实际应用中不可或缺的一环。随着科技的不断进步，笔者得以窥见微生物世界的奥秘，并通过精准检验技术，有效地揭示其对人们的生活、健康乃至整个生态系统的影响。

回顾本书，笔者系统梳理了微生物精准检验技术的起源、发展以及现阶段的应用情况。从最初的简单观察到如今的分子生物学、基因测序等先进技术的应用，微生物检验的精准度与效率得到了显著的提升。这些技术的应用不仅帮助笔者更好地认识微生物，更为疾病诊断、食品安全、环境监测等领域提供了有力的技术支持。

然而，笔者也清醒地认识到，微生物精准检验技术仍面临着诸多挑战。微生物种类繁多、变异性强，给检验工作带来了极大的困难。同时，随着新型微生物的不断涌现，需要不断更新和完善检验技术，以适应新的需求。此外，检验技术的成本、操作难度等问题也是制约其广泛应用的重要因素。

展望未来，微生物精准检验技术仍有巨大的发展空间。可以预见，随着大数据、人工智能等技术的融入，微生物检验将更加智能化、自动化。同时，随着对微生物认识的深入，我们有望开发出更加精准、高效的检验方法，为疾病防控、食品安全等领域提供更有力的保障。

总之，微生物精准检验技术的研究与应用是一项长期而艰巨的任务。我们需要不断探索、创新，以应对微生物世界带来的挑战。同时，我们也需要加强国际合作与交流，共同推动微生物精准检验技术的发展，为人类的健康与福祉作出更大的贡献。

参考文献

[1] 牛志霞 . 探索微生物世界：从检验到发现 [J]. 家庭医药，2024(5)：80.

[2] 段雪寒，吴华 .MALDI-TOF MS 技术在临床微生物检验中的应用 [J]. 检验医学，2024，39(4)：410-414.

[3] 侯钰 . 不同临床标本微生物检验阳性率的意义探究 [J]. 婚育与健康，2024，30(7)：43-45.

[4] 吴茂彬，罗秀琴 . 临床微生物检验中细菌耐药性监测分析 [J]. 中国城乡企业卫生，2024，39(4)：20-22.

[5] 杨健 . 微生物组学，打开检验科全新视野的神奇钥匙 [J]. 健康生活，2024(4)：1-2.

[6] 孙秀花 . 细菌耐药性监测手段在临床微生物检验中的效果分析 [J]. 婚育与健康，2024，30(5)：52-54.

[7] 王盈盈，殷宪青，李娟 . 微生物检验在感染控制中的应用和临床准确率研究 [J]. 系统医学，2024，9(4)：71-74.

[8] 刘文芳 .CRP、WBC、PCT 联合检验在细菌感染性疾病中的诊断价值 [J]. 中国医药指南，2024，22(4)：102-104.

[9] 陈赟，方松林 . 细菌耐药性监测在临床微生物检验中的应用效果分析 [J]. 中外医疗，2023，42(33)：59-61.

[10] 江正潮 . 细菌培养与涂片镜检在微生物检验中的作用及阳性率分析 [J]. 中国医疗器械信息，2023，29(21)：80-82.

[11] 程庆妮，刘娜 . 涂片镜检与细菌培养检查在微生物检验中的应用效果 [J]. 临床医学研究与实践，2023，8(32)：97-100.

[12] 梁美玲，刘志宝 .PCR 检验法和细菌培养法在阴道细菌检验中的效果对比分析 [J]. 世界复合医学，2023，9(11)：175-177.

[13] 信统艳 . 探讨微生物检验中细菌培养、涂片镜检的诊断价值 [J]. 系统医学，2023，8(13)：47-49，53.

[14] 王利平，刘阳子 . 血清检验和细菌检验在检查布氏菌感染应用价值 [J]. 贵州医药，2023，47(6)：913-915.

[15] 张丽丽 . 细菌学检验和血清学检验对布氏菌感染的诊断价值分析 [J]. 中国

实用医药，2023，18（12）：102-104.

[16] 全红，唐玉娟，王然 . 呼吸道感染患者的病原性细菌检验及药敏检验结果分析 [J]. 医学信息，2023，36（12）：136-139.

[17] 许铠，李天立，肖荣，等 . 呼吸道感染患者病原性细菌的临床检验效果分析 [J]. 基层医学论坛，2023，27（11）：86-88.

[18] 曾富华，赵卫，胡远甫 . 细菌培养与涂片镜检在微生物检验中的临床价值 [J]. 智慧健康，2023，9（10）：6-9.

[19] 钱王燕，陈访，吉丽娟 . 临床微生物检验中细菌耐药性监测分析 [J]. 系统医学，2023，8（3）：86-89.

[20] 肖剑，肖礼英 . 流行性感冒病毒的微生物检验价值 [J]. 黑龙江中医药，2022，51（6）：379-381.

[21] 刘占平，刘文彤 . 临床微生物检验和细菌耐药性的监测探讨 [J]. 系统医学，2022，7（22）：53-56.

[22] 乔腾飞 . 复发性尿路感染患者的细菌检验与药敏情况分析 [J]. 系统医学，2022，7（18）：62-65.

[23] 李海娟，徐银平 . 血清检验对布氏菌感染的诊断价值 [J]. 临床医学，2022，42（6）：73-74.

[24] 李振起 . 临床微生物检验中细菌耐药性监测的应用分析 [J]. 系统医学，2022，7（4）：67-69，94.

[25] 龚福永，何大方 . 临床微生物检验与细菌耐药性监测分析 [J]. 云南医药，2022，43（1）：68-70.

[26] 邢军华，文蔚，尹明 . 流行性感冒病毒的微生物检验要点分析 [J]. 中国继续医学教育，2020，12（19）：101-103.

[27] 韩晓英 . 涂片真菌检验的应用研究 [J]. 临床医药文献电子杂志，2020，7（22）：126，137.

[28] 容富强 . 真菌感染性疾病的检验方法与鉴定 [J]. 心电图杂志（电子版），2019，8（2）：133.

[29] 余进 . 真菌检验技术进展 [J]. 临床检验杂志，2017，35（10）：721-724.

[30] 朱庆花 . 真菌检验技术在临床中的重要性分析 [J]. 健康之路，2016，15（4）：257.

[31] 章强强 . 我国真菌感染的实验室检测现状 [J]. 诊断学理论与实践，2016，15（1）：1-4.

[32] 刘浩 . 临床微生物检验及细菌真菌耐药性监测研究 [J]. 中国继续医学教育，

2016，8（1）：41-42.

[33] 朱丽康.真菌诱发院内感染的检验结果与临床价值分析 [J].医学理论与实践，2015，28（17）：2377-2378.

[34] 黄远祥，陶建萍.真菌诱发医院感染的检验病原菌种类及临床意义 [J].中外医学研究，2015，13（15）：69-71.

[35] 童朝晖，王瑶，栗方，等.真菌感染临床与检验巅峰对话之专家共识 [J].中华医院感染学杂志，2013，23（15）：3551-3552.

[36] 贾丽.真菌感染的检验方法分析 [J].中国现代药物应用，2013，7（4）：46-47.

[37] 汪穗福.微生物检测验证技术 [M].北京：中国医药科技出版社，2005.

[38] 王鸿，陈瑞玲，王雪林.微生物检验检测 [M].上海：复旦大学出版社，2011.

[39] 陈广全，张惠媛，曾静.微生物检测 [M].北京：中国标准出版社，2010.

[40] 叶磊，谢辉.微生物检测技术 [M].2 版.北京：化学工业出版社，2016.

[41] 张嵘，唐琳，汪洋，等.揭开微生物检测的神秘面纱 [M].北京：知识产权出版社，2024.

[42] 夏占峰，刘琴.微生物学实验指导 [M].北京：中国农业科学技术出版社，2023.

[43] 杨翀.微生物学检验 [M].2 版.北京：科学出版社，2023.

[44] 窦迪，王燕梅.微生物学检验 [M].北京：北京大学医学出版社，2023.

[45] 万国福.微生物检验技术 [M].2 版.北京：化学工业出版社，2023.